NCS기반 이론 수록

이 한권으로 원 패스 가능

현직 전문강사의 노하우를 담은 핵심비법

NCS 위생관리와 필기시험 완벽 준비

2023년 최신판

핵 심 내 용 정 리 와 　 실 전 모 의 고 사

미용사 네일

국가자격증 필기

김수연 · 김인옥 · 모현숙 · 박경옥 · 박진경 · 이나현 · 이주연 · 정연숙

WEbooks

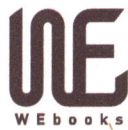

출제기준 (필기)

직무 분야	이용·숙박·여행· 오락·스포츠	중직무 분야	이용·미용	자격 종목	미용사(네일)	적용 기간	2022. 1. 1. ~ 2026. 12. 31.

직무내용: 고객의 건강하고 아름다운 네일을 유지·보호하기 위해 네일 케어, 컬러링, 인조 네일, 네일아트 등의 서비스를 제공하는 직무이다.

필기검정방법	객관식	문제수	60	시험시간	1시간

필기과목명	문제수	주요항목	세부항목	세세항목
네일 화장물 적용 및 네일미용관리	60	1. 네일미용 위생서비스	1. 네일미용의 이해	1. 네일미용의 개념과 역사
			2. 네일숍 청결 작업	1. 네일숍 시설 및 물품 청결 2. 네일숍 환경 위생 관리
			3. 네일숍 안전 관리	1. 네일숍 안전수칙 2. 네일숍 시설·설비
			4. 미용기구 소독	1. 네일미용 기기 소독 2. 네일미용 도구 소독
			5. 개인위생 관리	1. 네일미용 작업자 위생 관리 2. 네일미용 고객 위생 관리 3. 네일의 병변
			6. 고객응대 서비스	1. 고객응대 및 상담
			7. 피부의 이해	1. 피부와 피부 부속 기관 2. 피부유형분석 3. 피부와 영양 4. 피부와 광선 5. 피부면역 6. 피부노화 7. 피부장애와 질환
			8. 화장품 분류	1. 화장품 기초 2. 화장품 제조 3. 화장품의 종류와 기능
			9. 손발의 구조와 기능	1. 뼈(골)의 형태 및 발생 2. 손과 발의 뼈대(골격) 3. 손과 발의 근육 4. 손과 발의 신경
		2. 네일 화장물 제거	1. 일반 네일 폴리시 제거	1. 일반 네일 폴리시 성분 2. 일반 네일 폴리시 제거 작업
			2. 젤 네일 폴리시 제거	1. 젤 네일 폴리시 성분 2. 젤 네일 폴리시 제거 작업
			3. 인조 네일 제거	1. 인조 네일 제거방법 선택 및 제거 작업

필기과목명	문제수	주요항목	세부항목	세세항목
		3. 네일 기본관리	1. 프리에지 모양 만들기	1. 네일 파일 사용 2. 자연 네일 프리에지 모양
			2. 큐티클 부분 정리	1. 자연 네일의 구조 2. 자연 네일의 특징 3. 큐티클 부분 정리 작업 4. 큐티클 부분 정리 도구
			3. 보습제 도포	1. 네일미용 보습 제품 적용
		4. 네일 화장물 적용 전 처리	1. 일반 네일 폴리시 전 처리	1. 네일 유분기 및 잔여물 제거 2. 일반 네일 폴리시 전 처리 작업
			2. 젤 네일 폴리시 전 처리	1. 젤 네일 폴리시 전 처리 작업
			3. 인조 네일 전 처리	1. 인조 네일 전 처리 작업
		5. 자연 네일 보강	1. 네일 랩 화장물 보강	1. 네일 랩 화장물 보강 작업 및 도구
			2. 아크릴 화장물 보강	1. 아크릴 화장물 보강 작업 및 도구
			3. 젤 화장물 보강	1. 젤 화장물 보강 작업 및 도구
		6. 네일 컬러링	1. 풀 코트 컬러 도포	1. 풀 코트 컬러링
			2. 프렌치 컬러 도포	1. 프렌치 컬러링
			3. 딥 프렌치 컬러 도포	1. 딥 프렌치 컬러링
			4. 그라데이션 컬러 도포	1. 그라데이션 컬러링
		7. 네일 폴리시 아트	1. 일반 네일 폴리시 아트	1. 기초 색채 배색 및 일반 네일 폴리시 아트 작업
			2. 젤 네일 폴리시 아트	1. 기초 디자인 적용 및 젤 네일 폴리시 아트 작업
			3. 통 젤 네일 폴리시 아트	1. 네일 폴리시 디자인 도구 및 통 젤 네일 폴리시 아트 작업
		8. 팁 위드 파우더	1. 네일 팁 선택	1. 네일 상태에 따른 네일 팁 선택
			2. 풀 커버 팁 작업	1. 풀 커버 팁 활용 및 도구
			3. 프렌치 팁 작업	1. 프렌치 팁 활용 및 도구
			4. 내추럴 팁 작업	1. 내추럴 팁 활용 및 도구
		9. 팁 위드 랩	1. 팁 위드 랩 네일 팁 적용	1. 네일 팁 턱 제거 및 적용 작업
			2. 네일 랩 적용	1. 네일 랩 오버레이 및 네일 랩 적용 작업
		10. 랩 네일	1. 네일 랩 재단	1. 네일 랩 재료 및 작업
			2. 네일 랩 접착	1. 네일 랩 접착제 및 접착 작업
			3. 네일 랩 연장	1. 인조 네일 구조 및 네일 랩 연장 작업

필기과목명	문제수	주요항목	세부항목	세세항목
		11. 젤 네일	1. 젤 화장물 활용	1. 젤 네일 기구 및 젤 화장물 사용방법
			2. 젤 원톤 스컬프처	1. 네일 폼 적용 및 젤 원톤 스컬프처 작업
			3. 젤 프렌치 스컬프처	1. 젤 브러시 활용 및 젤 프렌치 스컬프처 작업
		12. 아크릴 네일	1. 아크릴 화장물 활용	1. 아크릴 네일 도구 및 사용방법
			2. 아크릴 원톤 스컬프처	1. 아크릴 브러시 활용 및 아크릴 원톤 스컬프처 작업
			3. 아크릴 프렌치 스컬프처	1. 스마일 라인 조형 및 아크릴 프렌치 스컬프처 작업
		13. 인조 네일 보수	1. 팁 네일 보수	1. 팁 네일 상태에 따른 화장물 제거 및 보수작업
			2. 랩 네일 보수	1. 랩 네일 상태에 따른 화장물 제거 및 보수작업
			3. 아크릴 네일 보수	1. 아크릴 네일 상태에 따른 화장물 제거 및 보수작업
			4. 젤 네일 보수	1. 젤 네일 상태에 따른 화장물 제거 및 보수작업
		14. 네일 화장물 적용 마무리	1. 일반 네일 폴리시 마무리	1. 일반 네일 폴리시 잔여물 정리 및 건조
			2. 젤네일 폴리시 마무리	1. 젤 네일 폴리시 잔여물 정리 및 경화
			3. 인조 네일 마무리	1. 인조 네일 잔여물 정리 및 광택
		15. 공중위생관리	1. 공중보건	1. 공중보건 기초 2. 질병관리 3. 가족 및 노인보건 4. 환경보건 5. 식품위생과 영양 6. 보건행정
			2. 소독	1. 소독의 정의 및 분류 2. 미생물 총론 3. 병원성 미생물 4. 소독방법 5. 분야별 위생·소독
			3. 공중위생관리 법규 (법, 시행령, 시행규칙)	1. 목적 및 정의 2. 영업의 신고 및 폐업 3. 영업자 준수사항 4. 면허 5. 업무 6. 행정지도감독 7. 업소 위생등급 8. 위생교육 9. 벌칙 10. 시행령 및 시행규칙 관련 사항

출제기준 (실기)

직무 분야	이용·숙박·여행·오락·스포츠	중직무 분야	이용·미용	자격 종목	미용사(네일)	적용 기간	2022. 1. 1. ~ 2026. 12. 31.

직무내용: 고객의 건강하고 아름다운 네일을 유지·보호하기 위해 네일 케어, 컬러링, 인조 네일, 네일아트 등의 서비스를 제공하는 직무

수행준거:
1. 고객에게 안전하고 위생적인 서비스를 제공하기 위해 작업자와 고객의 위생을 관리하고 네일숍 환경을 청결하게 관리할 수 있다.
2. 고객의 네일을 손상시키지 않고 기 작업된 네일 화장물을 네일 파일과 제거제를 사용하여 제거할 수 있다.
3. 네일 폴리시와 인조 네일 화장물의 접착력을 높이기 위하여 네일 표면을 사전 작업할 수 있다.
4. 네일에 적용하는 화장물의 종류, 작업 방법에 따라 마무리 과정을 선택하여 작업할 수 있다.
5. 프리에지의 모양을 만들고 큐티클을 정리하여 네일을 보호하고 네일 주변을 건강하게 관리할 수 있다.
6. 고객의 미적요구를 충족하기 위하여 네일 폴리시를 다양한 방법으로 도포할 수 있다.
7. 네일 팁과 필러 파우더를 적용하여 네일의 길이를 연장하고 조형할 수 있다.
8. 자연 네일이 손상되지 않도록 네일 화장물을 사용하여 자연 네일을 보강할 수 있다.
9. 네일 팁과 네일 랩을 적용하여 네일의 길이를 연장하고 조형할 수 있다.
10. 네일 랩과 필러 파우더를 적용하여 네일의 길이를 연장하고 조형할 수 있다.
11. 네일 폼과 아크릴을 적용하여 네일의 길이를 연장하고 조형할 수 있다.
12. 네일 폴리시와 도구를 사용하여 네일을 디자인할 수 있다.
13. 네일 폼과 젤을 적용하여 네일의 길이를 연장하고 조형할 수 있다.

실기검정방법	작업형	시험시간	2시간 30분정도

실기과목명	주요항목	세부항목	세세항목
네일미용 실무	1. 네일미용 위생서비스	1. 네일숍 청결 작업하기	1. 청소도구를 활용하여 실내를 청소할 수 있다. 2. 정리요령에 따라 집기류를 정리할 수 있다. 3. 청소 점검표에 따라 청결상태를 점검할 수 있다.
		2. 네일숍 안전 관리하기	1. 전기안전 수칙에 따라 안전 상태를 수시로 점검할 수 있다. 2. 안전사고 발생 시 대책기관의 연락망을 확보할 수 있다.
		3. 미용기구 소독하기	1. 기구유형에 따라 효율적인 소독방법을 결정할 수 있다. 2. 소독방법에 따라 미용기구를 소독할 수 있다. 3. 일회용 네일 용품을 위생적으로 관리할 수 있다. 4. 위생 점검표에 따라 미용기구의 소독상태를 점검하고 정리할 수 있다.
		4. 개인위생 관리하기	1. 소독제품의 특성에 따라 소독방법을 선정할 수 있다. 2. 작업자의 개인위생 관리를 위해 손을 소독할 수 있다. 3. 고객의 개인위생 관리를 위해 네일과 네일 주변을 소독할 수 있다.

실기과목명	주요항목	세부항목	세세항목
	2. 네일 화장물 제거	1. 일반 네일 폴리시 제거하기	1. 일반 네일 폴리시 제거를 위한 제거제를 선택할 수 있다. 2. 기 작업된 일반 네일 폴리시 제거를 위해 제거제를 사용할 수 있다. 3. 일반 네일 폴리시의 완전 제거 상태를 확인할 수 있다.
		2. 젤 네일 폴리시 제거하기	1. 젤 네일 폴리시 제거를 위한 제거제를 선택할 수 있다. 2. 기 작업된 젤 네일 폴리시 제거를 위해 네일 파일과 제거제를 사용할 수 있다. 3. 젤 네일 폴리시의 완전 제거 상태를 확인할 수 있다.
		3. 인조 네일 제거하기	1. 인조 네일 제거를 위한 제거제를 선택할 수 있다. 2. 기 작업된 인조 네일 제거를 위해 네일 파일과 제거제를 사용할 수 있다. 3. 인조 네일의 완전 제거 상태를 확인할 수 있다.
	3. 네일 화장물 적용 전 처리	1. 일반 네일 폴리시 전 처리하기	1. 고객의 요청에 따라 적합한 네일 길이와 모양을 만들 수 있다. 2. 네일 상태에 따라 표면을 정리하여 일반 네일 폴리시의 밀착력을 높일 수 있다. 3. 네일 상태에 따라 큐티클을 정리할 수 있다. 4. 네일 상태에 따라 유분기와 잔여물을 제거할 수 있다.
		2. 젤 네일 폴리시 전 처리하기	1. 고객의 요청에 따라 작업에 적합한 네일 길이와 모양을 만들 수 있다. 2. 네일 상태에 따라 표면을 정리하여 젤 네일 폴리시의 밀착력을 높일 수 있다. 3. 네일 상태에 따라 큐티클을 정리할 수 있다. 4. 젤 네일 접착력을 높이기 위하여 전 처리제를 도포할 수 있다.
		3. 인조 네일 전 처리하기	1. 고객의 요청에 따라 작업에 적합한 네일 길이와 모양을 만들 수 있다. 2. 네일 상태에 따라 표면을 정리하여 인조 네일 화장물의 밀착력을 높일 수 있다. 3. 네일 상태에 따라 큐티클을 정리할 수 있다. 4. 인조 네일 접착력을 높이기 위하여 전 처리제를 도포할 수 있다.
	4. 네일 화장물 적용 마무리	1. 일반 네일 폴리시 마무리하기	1. 일반 네일 폴리시의 잔여물을 네일 폴리시리무버를 사용하여 정리할 수 있다. 2. 일반 네일 폴리시의 건조를 위해 네일 폴리시 건조 촉진제를 사용할 수 있다. 3. 보습을 위해 네일 주변에 큐티클 오일을 사용할 수 있다.

실기과목명	주요항목	세부항목	세세항목
		2. 젤 네일 폴리시 마무리하기	1. 경화 상태에 따라 미경화 젤을 젤 클렌저를 사용하여 제거할 수 있다. 2. 네일 표면을 매끄럽게 네일 파일 작업을 할 수 있다. 3. 작업 완료를 위해 톱 젤을 도포할 수 있다. 4. 청결을 위해 냉·온 수건과 멸균거즈를 사용할 수 있다. 5. 보습을 위해 네일 주변에 큐티클 오일을 사용할 수 있다.
		3. 인조 네일 마무리하기	1. 작업된 화장물에 따라 네일 표면의 광택방법을 선택할 수 있다. 2. 분진 제거를 위해 미온수와 네일 더스트 브러시를 사용할 수 있다. 3. 청결을 위해 냉·온 수건과 멸균거즈를 사용할 수 있다. 4. 보습을 위해 네일 주변에 큐티클 오일을 사용할 수 있다.
		4. 네일 기본관리 마무리하기	1. 작업 방법에 따라 네일과 네일 주변의 유분기를 제거할 수 있다. 2. 청결을 위해 냉·온 수건과 멸균거즈를 사용할 수 있다. 3. 고객의 요청에 따라 마무리 방법을 선택할 수 있다. 4. 사용한 제품의 정리정돈을 할 수 있다.
	5. 네일 기본 관리	1. 프리에지 모양 만들기	1. 고객의 요청에 따라 자연 네일의 길이를 조절할 수 있다. 2. 고객의 요청에 따라 자연 네일의 프리에지 모양을 만들 수 있다. 3. 자연 네일의 상태에 따라 표면을 정리할 수 있다. 4. 프리에지의 거스러미를 정리할 수 있다.
		2. 큐티클 부분 정리하기	1. 큐티클 부분을 연화하기 위해 손톱과 손톱 주변을 핑거볼에 담글 수 있다. 2. 큐티클 부분을 연화하기 위해 발톱과 발톱 주변을 족욕기에 담글 수 있다. 3. 큐티클 부분을 연화하기 위해 큐티클 연화제를 선택하여 사용할 수 있다. 4. 큐티클 부분 정리 작업 과정에 따라 도구를 선택할 수 있다. 5. 큐티클 부분의 상태에 따라 정리할 수 있다. 6. 정리된 큐티클 부분을 소독할 수 있다.
		3. 보습제 도포하기	1. 피부 상태에 따라 보습 제품을 선택할 수 있다. 2. 보습 제품을 사용하여 큐티클을 부드럽게 할 수 있다
	6. 네일 컬러링	1. 풀 코트 컬러 도포하기	1. 풀 코트 컬러를 위해 베이스코트와 베이스 젤을 얇게 도포할 수 있다. 2. 풀 코트 컬러 도포 방법을 선정하고 네일 폴리시를 도포할 수 있다. 3. 네일 폴리시를 얼룩 없이 균일하게 도포할 수 있다. 4. 젤 네일 폴리시 작업 시 젤 램프기기를 사용할 수 있다. 5. 풀 코트의 컬러 보호와 광택 부여를 위해 톱코트와 톱 젤을 도포할 수 있다.

실기과목명	주요항목	세부항목	세세항목
		2. 프렌치 컬러 도포하기	1. 프렌치 컬러를 위해 베이스코트와 베이스 젤을 얇게 도포할 수 있다. 2. 프렌치 컬러 도포 방법을 선정하고 네일 폴리시를 도포할 수 있다. 3. 균일한 스마일 라인을 위하여 옐로우 라인에 맞추어 프리 에지 부분에 네일 폴리시를 도포할 수 있다. 4. 스마일 라인을 고려하여 얼룩 없이 균일하게 도포할 수 있다. 5. 젤 네일 폴리시 작업 시 젤 램프기기를 사용할 수 있다. 6. 프렌치의 컬러 보호와 광택 부여를 위해 톱코트와 톱 젤을 도포할 수 있다.
		3. 딥 프렌치 컬러 도포하기	1. 딥 프렌치 컬러를 위해 베이스코트와 베이스 젤을 얇게 도포할 수 있다. 2. 딥 프렌치 컬러 도포 방법을 선정하고 네일 폴리시를 도포할 수 있다. 3. 균일한 스마일 라인을 위하여 자연 네일 길이의 1/2 이상 부분에 네일 폴리시를 도포할 수 있다. 4. 스마일 라인을 고려하여 얼룩 없이 균일하게 도포할 수 있다. 5. 젤 네일 폴리시 작업 시 젤 램프기기를 사용할 수 있다. 6. 딥 프렌치 컬러 보호와 광택 부여를 위해 톱코트와 톱 젤을 도포할 수 있다.
		4. 그러데이션 컬러 도포하기	1. 그러데이션 컬러 도포를 위해 베이스코트와 베이스 젤을 얇게 도포할 수 있다. 2. 그러데이션 컬러 도포 방법을 선정하고 네일 폴리시를 도포할 수 있다. 3. 그러데이션의 위치를 선정하여 경계 없이 그러데이션을 표현할 수 있다. 4. 젤 네일 폴리시 작업 시 젤 램프기기를 사용할 수 있다. 5. 그러데이션 컬러 보호와 광택 부여를 위해 톱코트와 톱 젤을 도포할 수 있다.
	7. 팁 위드 파우더	1. 네일 팁 선택하기	1. 자연 네일의 모양에 따라 적합한 네일 팁을 선택할 수 있다. 2. 자연 네일의 크기에 알맞은 네일 팁의 크기를 선택할 수 있다. 3. 고객의 요청에 따라 다양한 네일 팁을 선택할 수 있다.
		2. 풀 커버 팁 작업하기	1. 큐티클 부분 라인의 형태에 따라 풀 커버 팁을 사전 조형할 수 있다. 2. 필러 파우더를 선택적으로 적용하여 자연 네일의 굴곡을 매끄럽게 할 수 있다. 3. 네일 접착제를 사용하여 기포가 들어가지 않도록 풀 커버 팁을 접착할 수 있다. 4. 고객의 요청에 따라 길이와 모양을 조절할 수 있다.

실기과목명	주요항목	세부항목	세세항목
		3. 프렌치 팁 작업하기	1. 자연 네일의 크기와 모양에 따라 알맞은 프렌치 팁을 선택할 수 있다. 2. 네일 접착제를 사용하여 기포가 들어가지 않도록 프렌치 팁을 접착할 수 있다. 3. 필러 파우더를 사용하여 프렌치 팁의 구조를 조형할 수 있다. 4. 프렌치 팁의 완성을 위하여 네일 파일을 선택하여 작업할 수 있다.
		4. 내추럴 팁 작업하기	1. 네일의 크기와 모양에 따라 알맞은 내추럴 팁을 선택할 수 있다. 2. 네일 접착제를 사용하여 기포가 들어가지 않도록 내추럴 팁을 접착할 수 있다. 3. 내추럴 팁의 팁 턱을 자연 네일의 손상 없이 제거할 수 있다. 4. 필러 파우더를 사용하여 내추럴 팁의 구조를 조형할 수 있다. 5. 내추럴 팁의 완성을 위하여 네일 파일을 선택하여 작업할 수 있다.
	8. 자연 네일 보강	1. 네일 랩 화장물 보강	1. 네일 랩을 이용하여 약해진 자연 네일을 전체적으로 보강할 수 있다. 2. 네일 랩을 이용하여 손상된 자연 네일을 부분적으로 보강할 수 있다. 3. 네일 랩을 이용하여 찢어진 자연 네일을 보강할 수 있다.
		2. 아크릴 화장물 보강	1. 아크릴을 이용하여 약해진 자연 네일을 전체적으로 보강할 수 있다. 2. 아크릴을 이용하여 손상된 자연 네일을 부분적으로 보강할 수 있다. 3. 아크릴을 이용하여 찢어진 자연 네일을 보강할 수 있다.
		3. 젤 화장물 보강	1. 젤을 이용하여 약해진 자연 네일을 전체적으로 보강할 수 있다. 2. 젤을 이용하여 손상된 자연 네일을 부분적으로 보강할 수 있다. 3. 젤을 이용하여 찢어진 자연 네일을 보강할 수 있다.
	9. 팁 위드 랩	1. 팁 위드 랩 네일 팁 적용하기	1. 자연 네일의 크기와 모양에 따라 네일 팁을 선택할 수 있다. 2. 손가락과 손톱 방향에 따라 네일 팁을 접착할 수 있다. 3. 네일 팁의 종류에 따라 팁 턱을 제거할 수 있다.
		2. 네일 랩 적용하기	1. 인조 네일의 보강을 위하여 네일 랩을 적용할 수 있다. 2. 네일 상태에 따라 팁 위드 랩의 두께를 조절할 수 있다. 3. 형태를 조형하기 위해 기초 구조를 만들 수 있다.
		3. 팁 위드 랩 네일 파일 적용하기	1. 팁 위드 랩 구조를 고려하여 네일 파일을 선택할 수 있다. 2. 네일 파일을 사용하여 팁 위드 랩 형태를 조형할 수 있다. 3. 팁 위드 랩 완성도를 위하여 순차적인 네일 파일을 선택하여 광택을 낼 수 있다.

실기과목명	주요항목	세부항목	세세항목
	10. 랩 네일	1. 네일 랩 재단하기	1. 자연 네일 크기에 따라 네일 랩의 폭과 길이를 측정할 수 있다. 2. 자연 네일 상태에 따라 네일 랩의 재단방법을 선택할 수 있다. 3. 방법에 따라 네일 랩을 자연 네일에 맞추어 재단할 수 있다.
		2. 네일 랩 접착하기	1. 네일 랩에 기포가 들어가지 않도록 네일 표면에 접착할 수 있다. 2. 접착된 네일 랩의 상태에 따라 여분을 자를 수 있다. 3. 네일 랩 고정을 위해 네일 접착제를 도포할 수 있다.
		3. 네일 랩 연장하기	1. 고객의 요구에 따라 프리에지의 길이를 연장할 수 있다. 2. 고객의 요구에 따라 랩 네일의 프리에지 형태를 조형할 수 있다. 3. 고객의 요구에 따라 랩 네일의 두께를 조절할 수 있다. 4. 고객의 요구에 따라 랩 네일의 형태를 조형할 수 있다.
	11. 아크릴 네일	1. 아크릴 화장물 활용하기	1. 연습용 인조 손에 자연 네일 대용의 네일 팁을 장착할 수 있다. 2. 연습용 인조 손을 활용하여 아크릴 화장물의 사용방법을 숙련할 수 있다. 3. 연습용 인조 손을 활용하여 올바르게 네일 폼을 적용할 수 있다. 4. 적합한 방법으로 아크릴 브러시를 사용할 수 있다. 5. 네일 파일을 활용하여 아크릴 네일의 파일 방법을 숙련할 수 있다.
		2. 아크릴 원톤 스컬프처하기	1. 고객의 요구에 따라 프리에지의 길이를 연장할 수 있다. 2. 고객의 요구에 따라 아크릴 원톤 스컬프처를 위한 두께를 조절할 수 있다. 3. 고객의 요구에 따라 아크릴 원톤 스컬프처의 형태를 조형할 수 있다.
		3. 아크릴 프렌치 스컬프처하기	1. 화이트 아크릴 파우더로 스마일 라인을 조형할 수 있다. 2. 고객의 요구에 따라 프리에지의 길이를 연장할 수 있다. 3. 고객의 요구에 따라 아크릴 프렌치 스컬프처를 위한 두께를 조절할 수 있다. 4. 고객의 요구에 따라 아크릴 프렌치 스컬프처의 형태를 조형할 수 있다.
	12. 네일폴리시 아트	1. 일반 네일 폴리시 아트하기	1. 네일미용 도구를 사용하여 일반 네일 폴리시 아트를 작업할 수 있다. 2. 페인팅 브러시를 사용하여 일반 네일 폴리시를 조화롭게 디자인할 수 있다. 3. 일반 네일 폴리시의 성질을 이용하여 마블 기법을 시행할 수 있다. 4. 톱코트를 사용하여 일반 네일 폴리시 아트의 지속성을 높일 수 있다.

실기과목명	주요항목	세부항목	세세항목
		2. 젤 네일 폴리시 아트하기	1. 네일미용 도구를 사용하여 젤 네일 폴리시 아트를 작업할 수 있다. 2. 젤 페인팅 브러시를 사용하여 젤 네일 폴리시를 조화롭게 디자인할 수 있다. 3. 젤 네일 폴리시의 성질을 이용하여 마블 기법을 시행할 수 있다. 4. 톱 젤을 사용하여 젤 네일 폴리시 아트의 지속성을 높일 수 있다.
		3. 통 젤 네일 폴리시 아트하기	1. 네일미용 도구를 사용하여 통 젤 네일 폴리시 아트를 작업할 수 있다. 2. 젤 페인팅 브러시를 사용하여 다양한 색상의 통 젤 네일 폴리시 아트를 조화롭게 디자인할 수 있다. 3. 통 젤 네일 폴리시의 성질을 이용하여 세밀한 디자인을 작업할 수 있다. 4. 톱 젤을 사용하여 통 젤 네일 폴리시 아트의 지속성을 높일 수 있다.
	13. 젤 네일	1. 젤 화장물 활용하기	1. 연습용 인조 손에 자연 네일 대용의 네일 팁을 장착할 수 있다. 2. 연습용 인조 손을 활용하여 젤 화장물의 사용방법을 숙련할 수 있다. 3. 연습용 인조 손을 활용하여 올바르게 네일 폼을 적용할 수 있다. 4. 적합한 방법으로 젤 브러시를 사용할 수 있다. 5. 네일 파일을 활용하여 젤 네일의 파일 방법을 숙련할 수 있다. 6. 젤 램프기기를 이용하여 젤을 경화할 수 있다.
		2. 젤 원톤 스컬프처하기	1. 젤 원톤 스컬프처를 위한 베이스 젤을 적용할 수 있다. 2. 고객의 요구에 따라 프리에지의 길이를 연장할 수 있다. 3. 젤 램프기기를 이용하여 인조 네일을 경화할 수 있다. 4. 고객의 요구에 따라 젤 원톤 스컬프처를 위한 두께를 조절할 수 있다. 5. 고객의 요구에 따라 원톤 스컬프처의 형태를 조형할 수 있다.
		3. 젤 프렌치 스컬프처하기	1. 젤 프렌치 스컬프처를 위한 베이스 젤을 적용할 수 있다. 2. 화이트 젤로 스마일 라인을 조형할 수 있다. 3. 고객의 요구에 따라 프리에지의 길이를 연장할 수 있다. 4. 젤 램프기기를 이용하여 젤을 경화할 수 있다. 5. 고객의 요구에 따라 젤 프렌치 스컬프처를 위한 두께를 조절할 수 있다. 6. 고객의 요구에 따라 젤 프렌치 스컬프처의 형태를 조형할 수 있다.

CONTENT

I. NCS 학습모듈 – 네일미용 위생서비스 15
- **CHAPTER 01** 네일미용 위생서비스 16

II. 네일 개론 27
- **CHAPTER 01** 네일 미용의 역사 28
- **CHAPTER 02** 위생서비스 32
- **CHAPTER 03** 네일미용 개론 34
- **CHAPTER 04** 손 발의 구조와 기능 43

III. 네일 미용 기술 51
- **CHAPTER 01** 네일의 종류와 구분 52
- **CHAPTER 02** 인조 네일관리 56

IV. 피부학 67
- **CHAPTER 01** 피부와 부속기관 68
- **CHAPTER 02** 피부유형별 특징과 관리방법 75
- **CHAPTER 03** 피부와 영양 76
- **CHAPTER 04** 피부장애와 질환 81
- **CHAPTER 05** 피부와 광선 87
- **CHAPTER 06** 피부면역 및 피부노화 89

화장품학　　　　　　　　　　　　　　　　91

CHAPTER 01	화장품학 개론	92
CHAPTER 02	화장품의 종류와 기능	94
CHAPTER 03	화장품제조	102

공중보건학　　　　　　　　　　　　　　 105

CHAPTER 01	공중보건학 총론	106
CHAPTER 02	소독학	123
CHAPTER 03	공중위생관리법	129

모의고사　　　　　　　　　　　　　　　 143

CHAPTER 01	모의고사 1회	144
CHAPTER 02	모의고사 2회	154
CHAPTER 03	모의고사 3회	164
CHAPTER 04	모의고사 4회	175
CHAPTER 05	모의고사 5회	184

I

NCS 학습모듈 - 네일미용위생서비스

CHAPTER 01 네일미용 위생서비스

CHAPTER 01

PART Ⅰ. NCS 학습모듈 – 네일미용 위생서비스

네일미용 위생서비스

1 청소 점검표

- 청소 점검표는 청소를 한 후에 완료된 환경상태를 점검하기 위한 문서를 말한다.
- 청소는 장소와 기능의 차이에 따라서, 또는 청소의 목적을 무엇으로 설정하느냐에 따라서 소요되는 시간과 작업량이 달라진다. 그에 따라서 청소점검표도 다르게 점검한다.
- 청소는 미리 계획을 세워서 진행하는 것이 중요하며, 청소 계획은 일반적으로 사용자의 수, 사용자의 특성, 청소 공간의 상태, 주변 환경 등을 고려해서 세우는 것이 좋다. 이러한 항목들을 잘 활용하여 청결한 상태를 유지할 수 있도록 하는 것이 청소 점검표이다.
- 청소 점검표는 청소 실무 업무를 담당하는 청소담당자가 청소를 하기 전에 작업의 파악과 청소 후의 결과를 체크하기 위한 문서라고 볼 수 있다.
- 청소 후 결과가 체크된 문서는 관리 또는 책임 담당자의 확인을 거치게 되며, 문제 확인 시 즉시 또는 빠른 시간 내에 시정할 수 있도록 한다.
- 청소 점검표의 구성 항목 : 일반적 구성 항목으로는 결재란, 구분, 일자, 요일, 점검 시간, 작업장, 바닥, 기타, 점검 담당자 확인, 책임자 확인, 비고란 등이 있다.

1) 담당자와 책임자

청소 작업자 또는 담당자가 확인란에 체크할 수 있도록 하며, 청소 구역 및 청소 책임자가 확인란에 체크할 수 있도록 한다.

2) 점검의 일시

청소 상태를 점검한 일시를 정확히 기재하도록 한다. 사람의 왕래가 잦은 곳이나 공공장소의 경우에는 하루에 여러 번 점검이 필요하므로 정확한 시간까지 체크할 수 있도록 한다.

3) 청소의 대상

청소를 해야 하는 장소 및 대상을 정확히 기재한다. 대상별로 청소 작업자가 다른 경우는 분리하여 기재하는 것이 편리하다.

4) 청소의 상태

점검된 청소의 상태를 상·중·하, 또는 O, X 등으로 구분하여 표기할 수 있도록 한다.

5) 특이 사항

구성된 항목 외의 별도의 상황이나 이변적인 현상에 대해 기재할 수 있도록 작성한다.

6) 네일숍의 청소 항목

(1) 네일 작업대 청결 상태
(2) 네일 제품 보관함 청결 상태
(3) 폐기물 처리함 청결 상태
(4) 세탁물 처리함 청결 상태
(5) 개수대 청결 상태
(6) 고객 대기실 청결 상태
(7) 네일 화장품 진열대 청결 상태

2 화재안전 관리

1) 화재

화재란

사람의 의도에 반하거나 고의에 의해 발생하는 연소현상으로 피해를 발생시킨 경우를 말하며, 때로는 화학적인 폭발 현상을 수반하기도 한다. 원인에 따라 방화, 실화, 자연 발화, 천재지변에 의한 발화, 기타로 구분이 되며 소실 정도에 따라서 전소, 반소, 부분 연소로 분류할 수 있다.

2) 화재 발생원인

(1) 실화

실화란

사람의 부주의나 실수 또는 관리 소홀로 말미암아 발생하는 화재를 말한다.

① 전기 합선, 단락, 과부하, 스파크, 과열, 정전기, 용접 등으로 인한 화재
② 휘발유, 경유, 등유 등 위험물 및 가연성 액체 취급 부주의로 인한 화재
③ 담뱃불, 양촛불, 연탄불 등 화기 취급 부주의로 인한 화재
④ LNG(액화천연가스), LPG(액화석유가스), 부탄가스, 도시가스, 아세틸렌가스 등 가연성 가스의 취급 부주의로 인한 화재
⑤ 이동식 난로, 보일러, 가스 및 전기난로 등 난방기기 취급 부주의로 인한 화재

(2) 방화

방화란

사람이 고의로 불을 질러 건축물 또는 기타 물건을 태우는 불법행위 또는 그 자체의 화재를 말한다.
① 가정불화로 점화한 화재
② 자살을 목적으로 점화한 화재
③ 불타는 광경을 보면 희열을 느끼는 방화범이 점화한 화재
④ 산업 시설이나 공공 시설물을 태울 목적으로 점화한 화재
⑤ 화재 보험을 탈 목적으로 점화한 화재

3) 화재 예방 수칙

(1) 불필요한 가연물(폐기박스, 폐지, 헌옷 등)을 쌓아 놓지 않는다.
(2) 전열기는 벽이나 불이 붙은 수 있는 물품 주위에 두지 않는다.
(3) 인화성 기체(부탄가스), 인화성 액체(알코올, 휘발유 등)를 함부로 방치하지 않는다.
(4) 가구 뒤편이나 작업대 아래, 카펫 아래 등 보이지 않는 곳에 전선을 늘어뜨리지 않는다.
(5) 담배는 흡연실 또는 실외에서 피우도록 하며, 피운 꽁초는 반드시 끄고 확인한 후 버린다.
(6) 비상구에는 빈 박스, 쓰레기 등 탈 수 있는 물건들을 쌓아두지 않는다.

4) 화상에 대한 응급처치

(1) 화상 부위를 신속히 수돗물에 적시거나 담근다.
(2) 화상 부위가 크지 않은 경우에는 깨끗한 수돗물로 냉각시킨다.
(3) 로션이나 연고, 기름 같은 것은 바르지 않는다.
(4) 소독거즈로 화상 부위를 덮어준다.
(5) 물집은 터트리지 말고, 화상 부위에 붙어있는 물질들도 건드리지 않는다.
(6) 119에 도움을 요청해서 빠른 시간 내에 환자를 병원으로 옮기도록 한다.

3 전기안전 관리

1) 전기안전사고

전기 전선은 전기 에너지의 통로로 이용되며 구리선과 같은 도체에 얇은 피복을 입혀 사용하는데, 피복이 벗겨지거나 끊어지는 경우 또는 부주의로 인하여 전기가 우리 몸에 전해져서 일어나는 사고를 말한다. 신체에 전기가 흐르게 되면 근육이 수축되고, 화상을 입거나, 심장이 불규칙하게 뛰거나 멈춤으로써 사망에 이를 수 있다.

2) 전기 감전 사고의 원인

(1) 전기가 흐르는 도체에 신체의 일부가 닿는 경우
(2) 낙뢰에 의한 경우
(3) 높은 전압의 기기 및 전선 부근에 근접한 경우
(4) 피복 손상으로 전선이 기기의 금속체에 닿아 전기가 누락되는 기기를 만지거나 접촉한 경우

3) 전기안전 수칙(전기안전 점검 사항)

(1) 전기 코드는 잡아당기지 않도록 한다. 코드를 잡아당기면 피복 안의 구리선이 끊어져 화재와 감전 사고의 위험이 있으므로 반드시 플러그를 잡고 당기도록 한다.
(2) 불량 전기기구는 교체해서 사용한다. 파손된 플러그나 콘센트, 벗겨진 전선 등의 경우는 감전 또는 합선의 원인이 되므로 교체하여 사용한다.
(3) 문어발식 배선은 사용 금지한다. 전선마다 전기가 흐를 수 있는 양이 정해져 있기 때문에 여러 가지 전기 제품을 사용하면 전선에 발열, 화재 또는 감전의 원인이 된다.
(4) 젖은 손으로 사용하는 것은 위험하다. 물이 묻은 젖은 손으로 플러그나 스위치를 잡으면 감전의 위험이 있다.
(5) 덮개 있는 콘센트를 사용한다.

4) 감전사고 시 응급처치

전기감전에 의한 충격 시, 가장 위험한 결과는 정상박동을 하던 심장에 전기로 인한 충격이 가해져 생기는 심장마비와 호흡 정지 현상이다. 전기충격에 의해 호흡이 정지되었을 때는 혈액 중의 산소 함유량이 감소하기 시작하며, 특히 뇌의 산소 결핍에 대한 저항력이 아주 약하기 때문에 호흡 정지

상태가 3~5분간 계속되면 최악의 결과를 초래할 수 있다. 따라서 뇌의 기능이 마비되지 않도록 응급조치가 아주 중요하다. 단시간 내에 인공호흡과 심장 마사지와 같은 응급조치를 하는 경우 감전 사망자의 약 95% 이상을 소생시킬 수 있다고 한다.

(1) 감전된 사고자 주변의 전선 또는 기기의 전원 스위치를 차단하여 2차 추가 피해를 예방한다.
(2) 전원을 차단할 수 없을 경우 기기 또는 전선으로부터 사고자를 분리한다. 전기가 통하지 않는 고무장갑, 고무장화 등을 착용한 후 막대·플라스틱 봉·줄 등의 물건을 이용하여 기기 또는 전선으로부터 사고자를 분리한다.
(3) 사고자를 구출한 후 피해자가 의식, 호흡, 맥박 상태를 확인하고 높은 곳에서 추락하였을 때 출혈의 상태와 골절 여부를 확인하여야 한다.

4 안전사고 관리

1) 네일숍의 안전사고 관리

(1) 일반 안전사고 관리
① 응급 처치 용품을 구비하고 응급상황 시 연락할 안전사고 대책기관의 연락망을 확보한다.
② 네일숍 내에서는 금연하고 음식물의 섭취를 피한다.
③ 네일숍 내에 소화기를 배치하고 인화성이 강한 제품은 화재의 위험이 있는 곳에 두지 않는다.
④ 냉·온수기 등은 정기적으로 위생 점검을 받고 냉·난방기는 통풍구의 필터를 자주 청소하고 교체한다.

2) 화학물질 안전사고 관리

(1) 네일 미용사가 사용하는 화학물질
네일 폴리시, 네일 폴리시 리무버, 시너, 아세톤, 아크릴 리퀴드, 네일 프라이머, 네일 접착제, 건조 활성제 등

(2) 화학물질 노출 시 증상(부작용)
두통, 불면증, 콧물과 눈물, 목이 마르고 아픔, 피로감, 눈과 피부 충혈, 피부발진 및 염증, 호흡장애 등

3) 물질안전보건자료(MSDS: Material Safety Data Sheet)

중요 화학 물질을 안전하게 사용하고 관리하기 위하여 필요한 정보를 기재한 안전 데이터이다. 화학제품에 대한 정의, 위험한 첨가물에 대한 정보, 제조자명, 제품명, 성분과 성질, 취급상의 주의, 적용법규, 신체 적합성의 유무, 가연성이나 폭발 한계, 건강재해 데이터 등이 기입되어 있으며 보호와 예방조치에 대한 정보가 모두 포함되어 있다.

5 미용기구 소독

1) 네일미용기구의 소독

청결과 위생 및 소독은 특정 어느 한 분야에서만 강조되는 것이 아니다. 네일미용 분야뿐 아니라 미용의 모든 분야에서 중요시 되고 있다. 네일샵에서는 소독된 미용기구들을 사용하여야 한다.

(1) 네일미용 기기의 소독

네일 작업을 하거나 고객에게 네일 서비스를 제공할 때 사용되는 기기는 피부와 접촉하면서 작업되므로 철저하게 소독되어야 한다. 소독이 어려운 기구나 전기 제품, 작업기기 등은 가급적 일부분 또는 분리하여 부분 소독을 적용하며 항상 위생과 청결 상태를 유지해야 한다.

① 네일샵 내의 미용기기

자외선 소독기, 온장고, 족욕기, 드릴 머신, 네일 드라이어, 파라핀 워머 기기, 젤 램프기기, 왁싱 워머 등이 있다.

② 네일 작업 도구의 소독

네일 미용기구나 도구류 등은 고객과 작업자와 잦은 접촉을 가져온다. 따라서 살균이나 소독을 철저히 하며 작업 사전에 깨끗이 세척하여야 한다. 세제를 푼 미온수에 담갔다가 세척하거나 필요시 솔로 문질러 닦고, 흐르는 물에 깨끗이 헹군다. 이 과정은 매우 중요하기 때문에 생략되거나 단축되는 일이 없어야 한다. 소독과 세척 과정은 기구나 도구에 남아 있는 오염원의 대부분을 제거하거나, 시간이 지나 단단한 막을 형성할 수 있는 유기 물질과 오염물을 제거하는 역할을 한다. 소독된 기구류는 1회 사용하게 되면 사용한 것과 사용하지 않은 것을 구별해서 보관한다.

2) 사용하는 제품

(1) 네일미용 기구의 소독

기구의 재질과 사용 용도에 따라 소독 방법을 달리해야 한다.

① 유리 제품 및 브러시 종류

미온수에 담근 후 세척을 하고 흐르는 물에 헹군다. 상태에 따라서는 세척용 세제를 사용할 수 있다. 70% 알코올에 20분 이상 담근 후 자외선 소독기에 넣어 소독한다.

② 금속류

사용한 금속류의 도구들은 오염 물질이나 네일 화장품을 제거하고 젖은 타월로 깨끗이 닦은 후 70% 알코올에 소독한다. 금속류의 도구들은 장시간 소독제에 담가두는 경우 손상이 생기므로 정해진 소독 시간만큼만 담가 두었다가 자외선 소독기에 보관한다.

3) 네일미용 용품의 소독

(1) 일회용 용품

네일미용 용품들 중에는 고객과 작업자의 안전을 위해 1회 사용 후 폐기를 원칙으로 하는 1회용 용품들이 있으며, 이 제품들은 모두 1회 사용 후 폐기한다.

(2) 네일 폴리시 용품

폴리시, 젤 네일 폴리시, 베이스코트, 톱코트와 같은 네일 화장물들은 제품이 소진되기 전까지는 숍 내에서 장기적으로 사용하는 용품들이다. 이러한 네일 화장물 및 제품들은 덜어서 사용하는 것을 원칙으로 하며, 위생적으로 보관하고 주기적으로 세척하여 관리한다.

(3) 패브릭 용품

숍 내의 패브릭 제품들은 주기적으로 자주 세척 교환하도록 한다. 이 중에서도 타월이나 가운처럼 매번 사용되는 것들은 1회 사용 후 세척하여 소독 관리한다.

6 위생상태 점검

1) 위생 점검표

위생 점검표에는 위생 대상물과 위생 상태, 숍 내의 시설물의 위생 상태, 작업 미용기구들의 위생 상태, 폐기물의 종류와 폐기물의 관리에 따른 위생 상태 등이 담겨져 있다. 따라서 위생 점검표를 잘 이해하고 위생 점검표 내용에 따라 환경 관리를 하는 것은 곧 숍 내의 위생 환경을 청결히 유지 관리하는 방법이다.

2) 소독 상태 점검

(1) 네일 미용 도구의 소독 상태(위생) 점검

① 피부에 접촉되는 각종 도구의 소독 위생 관리
② 작업에서 사용되는 금속류의 소독 위생 관리
③ 1회용 제품(다회 사용 제한 품목)에 관한 소독 위생 관리
④ 도구 및 기구의 특성에 맞는 소독과 안전 수칙 관리

(2) 네일 미용 제품의 소독 상태(위생) 점검

① 사용되는 제품의 안전성 관리
② 개봉된 제품의 소독과 위생적 보관 관리
③ 제품 사용 시 주의 사항 및 유효 기간 관리
④ 제품의 소독 위생 관리

(3) 숍 내 실내 소독 상태(위생) 점검

① 실내 청소 상태(바닥, 창문, 가구, 작업대 등)에 따른 소독 위생 상태
② 냉·난방기의 관리 및 환기 시설 소독 위생 관리
③ 숍 실내 소독 위생 관리
④ 숍 내에 미용업 신고증, 개설자의 면허증 원본 및 미용 요금표 게시 관리
⑤ 숍 내의 조명 관리

7 개인위생 관리

1) 소독제품

(1) 항균비누

미생물의 번식을 차단하고 번식을 차단하고 억제하는 제품이다. 각종 유해 세균을 제거하는 항균비누는 물과 함께 사용한다. 네일숍에서 작업자의 손을 세정하는 제품으로 활용된다. 거품을 내어 손 전체와 손가락 사이, 손톱 주변을 씻는다. 페디큐어 시 발의 박테리아를 살균하기 위해서 일회용 입욕 제품들을 사용하기도 한다.

(2) 세니타이저

물로 손을 씻는 것을 대신하는 대용제를 총칭한다. 병원과 공공 기관에서 주로 사용하며 주로 에탄올로 이루어진 제품이 많다. 손에 적당량을 덜어 낸 후 손 전체와 손가락 사이, 손톱 주변을 문질러서 사용한다.

(3) 안티셉틱

항균 기능이 있는 제품을 뜻한다. 네일 작업 전에 가장 먼저 사용하며 작업자와 고객의 손발을 소독하는 제품으로 살균과 소독을 돕는다. 에탄올과 이소프로판올이 주성분이며 네일숍에서는 탈지면에 소독제를 적셔 손발 전체를 닦아내며 소독한다.

2) 손 위생 용어의 정의 파악

(1) 손 위생(Hand Hygiene)
손 씻기와 손 소독을 모두 포함하는 용어

(2) 손 씻기(Hand Washing)
물과 비누를 이용하여 손을 씻는 것

(3) 손 소독(Hand Antisepsis)
소독제를 이용하여 미생물을 감소시키거나 성장을 억제하는 것으로, 소독제 비누를 이용하여 손을 씻는 외과적 스크럽(surgical scrub)과 알코올 제제를 이용한 핸드럽(AlcoholBased Handrub)이 있다.

3) 가장 이상적인 손 위생 방법

비누액으로 손을 세척하여 오염물질을 떨어뜨리고, 속건성 알코올 소독제로 병원균을 완전히 제거하는 것이 가장 간단하고 효과적이며 위생적인 손 세척 방법이다. 속건성 알코올 소독제만을 사용하더라도 효과는 있지만, 이 방법은 오염물질을 떨어뜨릴 수 없기 때문에 비누액과 흐르는 물에 의한 손 세척을 대신할 수는 없다.

4) 종사자의 위생

(1) 매일 아침에 식사 후 양치질을 통하여 본인의 구강 건강을 챙기는 것은 종사자 뿐 아니라 고객을 위한 위생이라고도 볼 수 있다. 6개월 정도의 기간마다 치과에서 정기 검진을 받는 것도 권장한다.
(2) 헤어와 두피의 건강 상태를 점검하고 항상 깨끗하고 단정하게 유지한다.
(3) 의상은 항상 깨끗하고 단정하게 관리하도록 한다.
(4) 양말(스타킹)과 신발은 청결한 상태를 유지하도록 한다.
(5) 컵, 화장품, 타월 등을 공동으로 사용하지 않도록 한다.
(6) 손과 손톱의 상태는 위생적인 부분과 이미지적인 부분을 모두 고려하여 항상 깨끗하고 아름답게 유지할 수 있도록 한다.
(7) 개인위생 관리 수칙을 준수한다. 네일 미용사는 모든 네일미용 작업 전에 반드시 작업자의 손을 먼저 소독하고, 고객의 손·발 및 작업 부위를 소독해야 한다.
  ① 작업자는 건강에 이상이 있을 시 바로 병원에 가서 확인하여야 한다.
  ② 작업자가 전염성 질환에 걸렸을 경우, 소독을 철저히 하고 쉬도록 한다.
  ③ 작업자의 손톱 및 두발 등 개인위생관리를 철저히 한다.
  ④ 작업자는 정해진 복장을 지키며 청결한 상태를 유지하여야 한다.
  ⑤ 작업자가 고객과 가까이 대면하는 경우 마스크를 사용하여야 한다.
  ⑥ 작업자는 고객과의 신체 접촉 전후로 소독을 철저히 한다.

II 네일 개론

CHAPTER 01   네일 미용의 역사   28
CHAPTER 02   위생서비스   32
CHAPTER 03   네일미용 개론   34
CHAPTER 04   손 발의 구조와 기능   43

PART Ⅱ. 네일 개론

네일 미용의 역사

1 한국의 네일 미용

삼국시대	• 바닷가 사람들 – 바다와 강에 들어가기 전 쪽(쌍떡잎식물)으로 손과 발에 물을 들임 • 산촌 사람들 – 산에 들어가기 전 손톱과 발톱에 붉은색을 칠함
고려시대	• 부녀자와 처녀들 – 봉선화과의 한해살이 풀인 지갑화를 물들이기 시작
조선시대	• 처녀와 어린이들이 손톱에 봉선화 물을 들였다고 세시풍속집〈동국세시기〉에 기록 • 봉선화의 붉은 색 – 주술성을 내포하여 신분에 관계없이 물을 들이는 풍속이 성행
1988년	• 한국 최초의 전문 네일샵 – 〈그리피스 네일살롱〉이태원에 신설
1996년	• 네일 전문 살롱 신설 – 압구정에 세씨네일, 헐리우드 네일 등 설립 • 미국 키스사 제품이 최초로 국내에 소개
1997년	• 네일의 대중화 시작 – 미국 레브론 계열사인 크리에이티브가 다양한 제품을 국내에 대량 보급 • 한국네일협회 창립과 숍인숍 네일 코너 등장
1998년	• 네일아트 민간 자격시험 시행 • 네일관련 수업이 대학에 신설
1999년	• 한국 네일리스트 협회 창립
2001년	• 한국네일협회 출범(한국네일협회와 한국네일리스트 협회 통합)
2002년	• 한국네일학회 창단 및 네일 산업 호황기를 맞이함
2004년	• 한국프로네일협회 창단
2005년	• 대한네일 협회 창단
2014년	• 미용사(네일) 국가자격증 신설

2 외국의 네일 미용

1) 고대

이집트	• BC 3000년경 – 왕과 왕비의 손톱에 헤나라는 붉은 오렌지색 염료로 염색 • 사회적 신분을 나타내기 위한 수단으로 사용 – 상류층은 짙은 색, 하류층은 옅은 색 사용 • 전쟁에 나가는 군인들 – 승리를 기원하기 위해 손톱에 색조를 넣음
중국	• 여성들의 입술연지로 사용되던 홍화로 손톱 염색(조홍) • 에나멜이라는 최초의 페인트사용 – 달걀흰자, 벌꿀, 고무나무 수액으로 제조 • BC 600년 – 귀족들은 금색과 은색을 손톱에 바름
인디언	• Lawsonia alba를 비롯한 식물에서 추출한 헤나를 염료로 손톱을 염색
잉카	• 손톱에 하늘을 의미하는 독수리 모양을 그림

2) 중세

중국	• 15세기(명) – 검은색, 붉은색 사용 • 17세기 – 상류층의 남녀들은 손톱을 길게 기르고 금, 대나무 부목 등으로 손톱을 길어 보이게 하면서 동시에 보호하는 역할
인도	• 17세기 – 상류층 여성들은 조모(Nail Matrix)에 문신 바늘로 붉은 물감을 주입시켜 건강함과 신분을 표시

3) 19세기

1800년대	• 네일 아트가 대중화되기 시작 • 손톱 모양을 뾰족하게 하는 아몬드 모양의 네일 유행 • 붉은 기름을 바른 후 샤미스(염소나 양의 가죽)를 이용해 색깔이나 광을 냄
1830년	• 발 전문의사인 시트(Sitts)가 치과에서 사용되던 기구에서 착안한 오렌지 우드스틱을 네일 관리에 사용
1885년	• 니트로셀룰로오스 개발 – 네일 에나멜의 필름 형성제
1892년	• 미국에서 네일 아티스트가 새로운 직업으로 인정
1900년	• 금속가위, 금속 파일 등의 네일 도구들 사용 • 크림 제형이나 가루 등을 사용하여 광을 냄 • 낙타의 털로 제작된 붓으로 에나멜을 바르기 시작

4) 20세기

1910년	• 〈플라워리〉 뉴욕에 설립 – 매니큐어 제조회사 • 금속 재질이나 사포로 된 파일 제작
1917년	• 닥터 코르니(Dr. Korony)에 네일 홈케어 제품이 보그(Vouge) 잡지에 소개
1919년	• 최초의 분홍색 에나멜 개발
1925년	• 에나멜 산업의 본격화 – 상점에서 쉽게 구할 수 있게 네일 제품이 본격적으로 판매되기 시작 • 문 매니큐어(moon manicure(손톱의 반월 부분과 가장자리는 바르지 않고 가운데 부분만 바르는 스타일)) 유행
1927년	• 흰색 에나멜, 큐티클 크림, 큐티클 리무버 제조
1930년	• 네일 에나멜, 큐티클 오일, 리무버, 워머, 로션, 등이 제나(Gena) 연구팀에 의해 개발 • 전기기구를 이용하여 손톱에 광택을 냄
1932년	• 다양한 색상과 채도의 네일 에나멜이 제나(Gena) 연구팀에 의해 개발 • 립스틱과 잘 어울리는 네일 에나멜이 레브론(Revlon) 사에서 출시
1935년	• 인조 네일 개발
1940년	• 여배우 리타 헤이워드에 의해 빨간색 네일 에나멜을 채워 바르는 풀컬러 스타일 유행 • 이발소에서 남성 습식 매니큐어를 시작
1948년	• 미국의 노린 레호에 의해 네일 손질에 도구 및 기구 사용 • 자연스럽고 연한 색상의 폴리시 유행
1950년대	• 헬렌 걸리가 미용학교 교육과정에 네일 과목 개설 • 페디큐어 등장 및 네일 팁 사용자 증가 • 아크릴 네일(호일을 이용) 등장
1960년	• 실크와 린넨을 이용한 네일 랩 시술이 도입되면서 약하거나 부서지기 쉬운 손톱에 보강 시술
1970년	• 치과 재료에 착안하여 아크릴 네일 제품 개발 • 인조 팁, 아크릴 네일 본격적으로 사용 • 네일리스트가 여성의 직업으로 확립되기 시작
1973년	• 미국 IBD사가 최초로 네일 접착제와 접착식 인조네일 개발
1947~1975년	• 미국 식약청(FDA)이 메틸메타아크릴레이트 등의 화학제품 사용 금지
1976년	• 스퀘어 모양의 네일 유행 • 인조 팁, 화이버 랩, 아크릴 스컬프처 등장 • 네일 아트가 미국에 정착

1981년	• 오피아이, 에씨, 스타 등에서 네일 관련 전문제품 출시 • 네일 액세서리 등장 • 네일 및 핸드용 전문제품 출시 • 네일타입(건성, 지성)에 따른 베이스코트, 톱코트 출시
1982년	• 파우더, 프라이머, 리퀴드 등의 아크릴 네일 제품이 미국의 태미 테일러에 의해 개발
1989년	• 네일 산업 급성장
1992년	• NIA(The Nail Industry Association)가 창립되어 네일 산업이 정착
1994년	• 독일 라이트 큐어드 젤 시스템 등장 • 네일 테크니션 면허제도 도입

5) 20세기 이후

2000년대	• 2D, 3D 등 입체디자인, 핸드 페인팅, 에어브러쉬 등의 다양한 아트 등장 • 젤 스컬프처가 시장에 확대되면서 고광도 고광택의 젤 시스템 확대
2014년	• Nailpolis: Museum of Nail Art 설립 • 다양한 네일아트 디자인 공유

PART Ⅱ. 네일 개론

위생서비스

1 네일숍 안전관리

1) 화재 안전관리

(1) 화재란, 사람의 의도에 반하거나 고의에 의해 발생하는 현상으로 피해를 일으키며 때로는 화학적인 폭발 현상의 수반하기도 한다.

(2) 화재 안전 주의사항

① 가연성 물질을 불필요하게 쌓아 놓지 않는다.

② 인화성 물질을 방치하지 않는다.

③ 가구 뒤편이나 작업대 아래 등 보이지 않는 곳에 전선을 두지 않는다.

④ 비상구에는 물건을 쌓아두지 않는다.

2) 전기안전 관리

(1) 전기안전 주의사항

① 젖은 손으로 전기기구를 만지지 않는다.

② 전선을 잡아당겨 플러그를 뽑지 않는다.

③ 전기 장치의 사용법과 전류의 종류, 특성 등의 안전 수칙을 확인한다.

④ 마모된 전기코드는 미리 체크하여 교체한다.

⑤ 콘센트 하나에 문어발 콘센트 사용을 하지 않는다.

⑥ 수시로 전기 코드를 점검한다.

3) 네일 숍 안전사고 관리

(1) 네일 숍의 안전관리

① 응급처치 용품 및 응급 시 대책 기관 연락망을 확보한다.

② 네일 숍 안에서 음식물을 섭취하지 않는다.

③ 수시로 환기를 시켜준다.
④ 냉·난방기의 필터를 자주 교체하고 통풍구를 청소해 준다.
⑤ 소화기를 비치하고 인화성이 강한 제품은 빛이 없고 서늘한 공간에 보관한다.

4) 화학물질의 위생 및 안전

(1) 네일 미용에서 사용하는 물질과 노출 시 부작용

네일 미용에서 사용하는 화학물질	과다 노출시 부작용
아세톤, 폴리시 리무버, 아크릴 리퀴드, 글루드라이, 네일 글루, 프라이머, 젤 클렌저 등	두통, 불면증, 피로감, 눈과 피부 충혈, 피부 발진 및 염증, 호흡 장애, 콧물, 눈물 등

5) 화학물질 사용 시 주의사항

(1) 보안경과 마스크를 착용하고 콘택트 렌즈의 사용을 피한다.
(2) 화학물질을 사용할 경우 피부에 접촉되지 않도록 주의한다.
(3) 사용한 물질은 뚜껑이 있는 쓰레기통에 폐기한다.
(4) 통풍이 잘되는 공간에서 작업한다.
(5) 화학물질을 보관할 경우 빛을 차단하고 용기에 뚜껑을 닫아 밀봉한 후 서늘한 곳에 보관한다.
(6) 작업 공간에서 음식물 섭취를 하지 않는다.

6) 물질안전보건 자료

(1) 화학물질을 안전하게 사용하고 관리하기 위한 정보를 기재하는 안전데이터
(2) 화학제품의 정의, 위험 첨가물에 대한 정보, 제조자명, 성분과 성질, 취급상 주의사항, 적용법규, 신체 적합성 유무, 가연성과 폭발 한계, 건강 재해 데이터, 예방 조치 등에 대해 기입해 놓은 자료

CHAPTER 03

PART Ⅱ. 네일 개론

네일미용 개론

1 네일의 구조와 이해

1) 손톱의 구조

조체 (Nail Body)	• 조체는 조판(Nail Plate)이라고도 하며 손톱의 몸체 부분 • 네일베드를 보호하고, 죽은 각질세포로 되어 있어 신경 조직이 없음
조근 (Nail Root)	• 조근은 네일루트라고 하며 손톱의 아랫부분에 묻혀있는 얇고 부드러운 부분 • 새로운 세포가 만들어져 산소를 공급받아 손(발)톱이 자라기 시작하는 곳임
자유연 (프리에지, Free Edge)	• 자유연은 프리에지라고 하며 네일 베드와 접착되어 있지 않은 손톱의 끝부분으로 신경이나 혈관이 없음 • 네일의 길이와 모양을 조절할 수 있는 부분
옐로우라인 (스마일라인)	• 네일의 조체(네일바디)와 자유연(프리에지)의 경계선
스트레스포인트	• 외부적인 충격을 가장 많이 받는 부분으로 손톱이 피부와 분리되는 양쪽 끝 부분

2) 손톱 밑의 구조

조상 (Nail Bed)	• 조상은 네일베드라고 하며 조체를 받치고 있는 밑부분
조모 (Nail Matrix)	• 조모는 네일 매트릭스라고 하며 네일의 성장을 조절함 • 혈관과 신경이 많이 분포하고 있어 가장 예민한 곳임
반월 (Lunula)	• 반월은 루눌라이며 반달 모양의 손톱의 밑부분 • 조모와 조상이 만나는 부분이며 완전히 케라틴화가 덜 된 유백색임

〈손톱의 구조〉

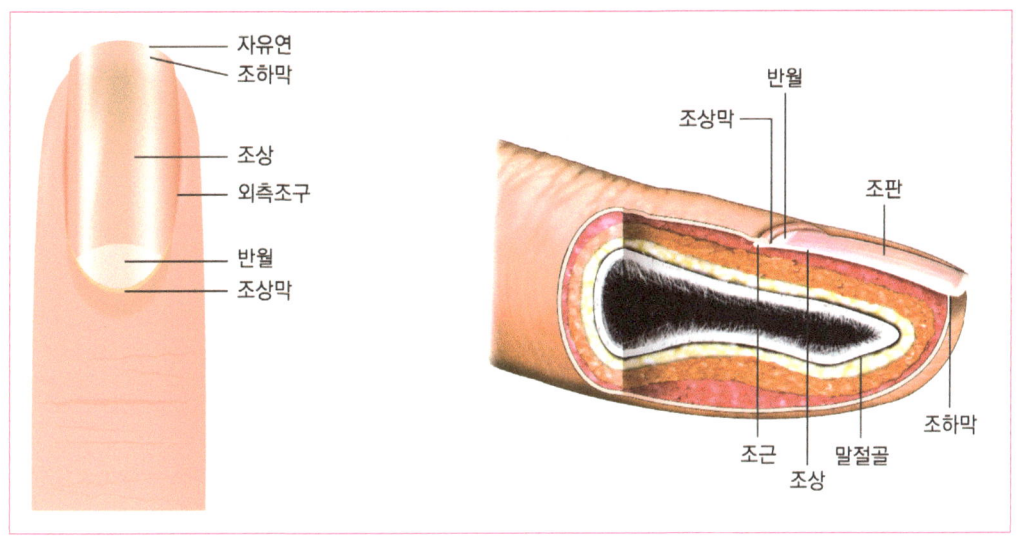

3) 손톱 주위의 피부

큐티클(조소피)	• 손톱 주위를 덮고 있는 부분으로 신경이 없고 병균으로부터 침임을 막아주고 보호해주는 역할
네일 폴드(조주름)	• 조근이 묻혀있는 네일의 베이스에 피부가 깊게 접혀 있는 주름
네일 그루브(조구)	• 네일 베드의 양쪽 측면에 좁게 패인 부분으로 손톱 옆 피부
네일 월(조벽)	• 네일 그루브 위에 있는 네일의 양쪽 피부를 지지하는 부분
이포니키움(상조피)	• 표피의 연장으로 네일의 베이스에 있는 피부의 가는 선으로 루눌라의 일부를 덮고 있음
페리오니키움(조상연)	• 네일 전체의 손톱을 둘러싼 피부
하이포니키움(하조피)	• 프리에지 밑부분의 피부조직으로 세균의 침입을 막아줌

2 네일의 특성과 형태

1) 용어 정의

(1) 매니큐어(Manicure) : 손과 손톱을 건강하고 아름답게 가꾸는 미용 기술 및 관리이며 손톱모양 정리, 큐티클 정리, 손 마사지, 네일아트 등을 말함

(2) 페디큐어(Pedicure) : 발과 발톱을 건강하고 아름답게 가꾸는 미용 기술 및 관리이며 각질 및 굳은살 제거, 발톱모양 정리, 큐티클 정리, 발 마사지, 네일아트 등을 말함

(3) 어원 : Manicure = Manus(hand, 손) + Cura(cure, 관리)
   Pedicure = Pedis(foot, 발) + Cura(cure, 관리)

2) 손톱의 형성되는 과정

(1) 임신 8~9주경 : 손톱의 태동이 있음

(2) 임신 10주 : 손가락 끝에 손톱의 성장부위가 형성되기 시작

(3) 임신 12~13주 : 손톱의 성장 부위 완성되는 시기

(4) 임신 14주 : 손톱이 자라는 모습이 나타나기 시작

(5) 임신 17~20주 : 손톱이 완전히 형성되는 시기

(6) 손톱은 임신기간에 빨리 성장하며 발톱은 손톱보다 약 10일 정도 늦게 발생함

3) 손톱의 성장

(1) 손톱은 하루에 0.1~0.15mm 성장

(2) 손톱이 탈락 후 완전히 자라는 기간은 5~6개월이 소요됨

(3) 10~14세에 가장 빨리 성장하며, 20세 이후 저하됨

(4) 성장 속도가 여름이 빠르며, 겨울은 성장속도가 느림

(5) 손가락마다 성장 속도가 다르고, 손가락을 많이 움직일수록 빨리 성장

(6) 성장 속도가 가장 빠른 손톱 : 중지

(7) 성장 속도가 가장 느린 손톱 : 소지

(8) 성장 속도가 빠른 순서 : 중지 > 검지 > 약지 > 엄지 > 소지

4) 네일의 구성 성분

(1) 케라틴은 섬유 단백질로 구성되어 있음

(2) 케라틴의 화학적 구성비율 :
   탄소(51.9%) > 산소(22.39%) > 질소(16.09%) > 황(2.80%) > 수소(0.82%)

5) 건강한 네일의 정의

(1) 표면이 매끄럽고 갈라짐이 없음

(2) 단단하며 탄력이 있음

(3) 네일 베드에 단단하게 부착되어 있음
(4) 수분을 12~18%로 함유하고 있음
(5) 연한 핑크빛을 띠며 윤기가 있음
(6) 둥근 아치 모양을 형성하고 있음

6) 네일의 형태

	명칭	설명
	스퀘어형 (Square Shape, 사각형)	• 네일 양 측면 모서리 부분에 직각인 형태 • 내구성이 강하여 네일이 약한 경우 적합함 • 대회에서 인조네일 시술시 형태로 사용함 • 파일의 각도는 90°
	라운드 스퀘어형 (Round Square Shape, 스퀘어 오프형)	• 가장 선호하는 세련된 느낌의 형태 • 파일의 각도는 양 측면의 모서리는 45° • 중앙은 90°
	라운드형 (Round Shape, 둥근형)	• 가장 무난하고 평범한 모양으로 짧은 손톱과 남성의 경우 가장 선호하고 누구에게나 어울리는 형태 • 파일의 각도는 45°로 손톱 모서리에서 중앙으로 둥글게 만드는 모양
	오발형 (Oval Shape, 타원형)	• 손이 가늘어 보이고 여성스럽게 보이는 형태 • 파일의 각도는 15~30°로 라운드보다 경사진 타원형 모양
	포인트형 (Point Shape, 송곳형)	• 아몬드형이라고도 하며 손가락이 가늘고 길어보이지만, 약하고 잘 부러짐 • 작품을 만들 때 사용함 • 파일의 각도는 10°로 타원형보다 양 측면을 더 많이 갈아 사선이 대칭이 되게 만드는 모양

7) 네일의 병변

(1) 시술이 가능한 네일 질환

명칭	설명
교조증 (오니코파지, Onychophagy)	• 손톱을 물어뜯는 습관으로 생기는 손상 • 스트레스와 심리적 불안감이 원인 • 손톱을 물어뜯지 않도록 인조손톱으로 보강하거나 매니큐어로 지속적으로 관리함
조갑연화증 (계란껍질 네일, Onychomalacia)	• 손톱이 겹겹이 벗겨지면서 가늘고 흰색을 띠고 얇은 상태 • 다이어트, 질병, 불규칙한 식습관 등이 원인 • 손상된 부분을 제거하고 네일 강화제를 사용하고 관리함
조갑위축증 (오니카트로피아, Onychatrophia)	• 윤기와 광택이 없이 오므라드는 현상으로 심한 경우 떨어져 나가는 증상 • 조모의 손상, 내과적 질환, 강한 화학제품을 사용하여 생기는 원인 • 심하지 않은 증상인 경우 네일을 관리하며 내과적 질환이 원인인 경우에는 질환을 치료함
조내성증 (오니코크립토시스, Onychocryptosis, Ingrown Nail)	• 발톱에 주로 발생하며 양 사이드 부분의 살로 파고드는 증상 • 너무 짧게 자르거나 꽉 조이는 신발을 신었을 때 나타나는 원인으로 유전적인 요인도 있음 • 발톱은 스퀘어형으로 정리하고 심한 경우 병원 치료를 해야 함
조갑비대증 (오니콕시스, Onychauxis)	• 네일의 과잉 발육으로 지나치게 손, 발톱이 두꺼워지는 증상 • 질병이나 내부의 손상이나 감염이 원인 • 두꺼워진 네일의 부분을 파일로 제거하면서 지속적으로 관리함
조갑청맥증 (오니코사이아노시스, Onychocyanosis)	• 네일의 색이 푸르게 변하는 현상 • 혈액순환이 이루어지지 않아 생기는 원인 • 병원 치료를 통해 근본적인 원인을 관리함
조갑종렬증 (오니코렉시스, Onychorrhexis)	• 손톱이 세로로 갈라지면서 골이 파진 증상 • 갑상선 저하, 조모의 외상, 리무버 과다 사용 후 생기는 원인 • 표면 정리 후 네일 강화제를 사용하여 관리하며 손톱의 건조도 원인이 되니 보습제품을 사용함
주름잡힌 네일 (코루게이션, Codrrugation)	• 네일 바디에 고랑이 파여 있는 모양으로 가로와 세로로 생기는 증상 • 아연 부족, 위장장애, 순환계 이상, 임신, 영양실조, 고열, 빈혈이 원인 • 인조 네일을 사용하여 일정기간 관리해야함
멍든네일 (혈종, Hematoma, Bruised Nail)	• 외부 충격으로 인해 손, 발톱의 혈액이 응고되어 검푸른색으로 변하는 증상 • 조모가 손상되지 않은 경우 기르면서 관리함
백색반점 (루코니키아, White spot)	• 손톱 표면의 하얀 반점이 생기는 증상 • 특별한 관리가 필요 없으며 손톱이 자라면서 증상이 없어짐

구분	내용
변색된 네일 (디스컬러드 네일, Discolored nails)	• 손톱이 청색, 자색, 검푸른색, 황색 등으로 변하는 증상 • 혈액순환, 심장이 좋지 않은 상태, 자외선의 장시간 노출, 흡연, 네일 폴리시의 착색 등이 원인 • 질병은 병원 치료를 통해 관리하며 자외선의 장시간 노출되지 않도록 관리함
표피조막증 (테리지움, Overgrowth of the cuticle)	• 큐티클의 과잉성장으로 네일바디를 덮는 증상 • 지속적인 네일 관리로 자라나는 큐티클을 제거함
거스러미네일 (행네일, Hang nail)	• 손톱 가장자리가 건조하여 갈라지고 거스러미가 일어나는 증상 • 겨울의 큐티클의 건조로 주로 발생하는 게 원인 • 손톱이 건조하지 않도록 큐티클에 큐티클오일, 핸드크림 등으로 보습제품 사용함
스푼형 네일 (코일로니키아, Koilonychia)	• 손톱이 숟가락 형으로 생겼으며 함몰된 증상 • 철분결핍증, 빈혈, 선천성 요인이 원인 • 질병인 경우 병원 치료로 관리함

(2) 시술이 불가능한 네일 질환

구분	내용
조갑박리증 (오니코리시스, Onycholysis)	• 손톱과 네일 베드 사이에 틈이 생겨 점점 벌어지면서 분리되는 증상 • 감염과 외상이 원인
조갑탈락증 (오니콥토시스, Onychoptosis)	• 손가락에서 주기적으로 네일의 일부가 떨어져나가는 증상 • 매독, 당뇨병, 고열, 심한 외상이 원인
조갑진균증 (백선, Onychomycosis)	• 손톱이 불균형하게 얇아져 떨어지는 증상으로 시간이 경과하면 울퉁불퉁하고 두꺼워짐 • 진균에 의한 감염이 원인
조갑구만증 (오니코 그리포시스, Onychogryphosis)	• 손, 발톱이 두꺼워지고 광택이 없으며 심하게 휘어지는 증상
조갑사상균증 (몰드, Mold)	• 네일이 황록색에서 청록색으로 발생하면서 검은색으로 변색되는 증상 • 손톱이 약해져 냄새가 나면서 떨어져나감 • 사상균에 의한 감염이 원인
조갑주위염 (파로니키아, Paronychia)	• 손톱주위의 세균이 발생하여 염증과 고름이 생기는 증상 • 큐티클을 심하게 제거하거나 비위생적인 도구를 사용한 원인
조갑염 (오니키아, Onychia)	• 손톱의 염증이 생기는 증상 • 비위생적인 도구를 사용 시 상처부분에 감염되는 것이 원인

8) 네일기기 및 도구

(1) 네일 기구

테이블	• 고객이 편리하게 시술받을 수 있는 전용 책상을 사용
의자	• 고객이 편리하게 사용할 수 있는 의자로 사용
네일드라이기	• 일반 폴리시 시술 후 빠르게 건조할 목적으로 사용
손목받침대	• 고객의 손목을 편리하게 받쳐주는 것으로 사용
핑거볼	• 습식 매니큐어 과정 시 큐티클을 불릴 때 미온수를 담아 사용
디스펜서	• 리무버를 담아 펌프식으로 사용하는 용기
솜용기	• 솜이나 페이퍼 타월을 잘라 담는 용기, 뚜껑 있는 것으로 사용
습식소독기	• 알코올이나 소독액을 담을 수 있는 용기로 뚜껑이 있는 것으로 사용
왁싱워머	• 제모 왁스를 녹이는 기기
컴프레서	• 공기를 압축하는 기계
램프	• 각도 조절이 가능하고 40와트 이상인 것으로 사용

(2) 네일 도구

클리퍼	• 자연네일과 인조네일의 길이를 조절할 때 사용
니퍼	• 손톱 주위의 큐티클을 정리 시 사용하는 도구
푸셔	• 큐티클을 밀어 올리는 도구이며, 사용 시 각도는 45°로 사용
오렌지 우드스틱	• 큐티클을 밀거나 손톱 주위의 묻은 폴리시를 제거 시 사용
파일	• 손톱의 모양과 길이를 다듬을 때 사용 • 그릿(Grit)의 숫자가 높을수록 부드럽고, 낮을수록 거침 • 100그릿 : 인조네일 시술 시 사용하는 거친파일로 지브라파일, 블랙파일이 있음 • 150~180그릿 : 자연네일과 인조네일의 사용하며 네일의 형태 조형 및 표면정리에 사용 • 240그릿 : 가장 부드러운 파일로 표면을 부드럽게 정리
광파일	• 네일 표면의 광택을 낼 때 사용 • 2way, 3way, 4way 등으로 구분되어 있음
샌딩블록	• 버퍼라고도 하며 자연 네일의 표면을 매끄럽게 정리시 사용
디펜디시	• 아크릴 리퀴드, 브러시 클리너 등을 덜어 쓰는 용기

랩가위	• 실크 가위라고 하며 실크, 화이버글래스, 린넨 등 재단할 때 사용
팁커터	• 인조네일 팁의 길이를 줄일 때 사용
토우 세퍼레이터	• 페디큐어 작업 시 발가락이 서로 닿지 않게 발가락 사이에 끼우는 도구
콘커터	• 발바닥의 굳은살을 제거할 때 일회용 면도날을 끼워 사용

(3) 네일재료

안팁셉틱	• 피부 소독제로 시술자와 고객의 손 소독할 때 사용
지혈제	• 네일 작업 시 출혈을 멈추게 하기 위해 사용
큐티클 리무버	• 큐티클을 부드럽고 유연하게 만들 때 사용 • 주성분 : 소디움, 글리세린, 정제수, 수산화칼륨
큐티클 오일	• 큐티클을 정리하기 전에 네일을 부드럽게 하며 유·수분을 공급함 • 주성분 : 아보카도오일, 호호바 오일, 아몬드 오일
폴리시 리무버	• 손톱의 네일 폴리시 제거에 사용 • 주성분 : 초산부틸, 에틸아세톤
네일 폴리시	• 네일 색조 화장용 컬러 액체이며, 에나멜, 폴리시, 네일 컬러 또는 락커라고 함 • 주성분 : 초산에틸, 초산부틸, 니트로셀룰로오스, 아세틸트리부틸, 에틸알코올, 안료, 구연산, 침전 방지제 등
베이스 코트	• 네일 폴리시를 바르기 전에 손톱 표면에 바르는 것으로 자연 네일의 변색과 착색을 방지함 • 주성분 : 송진, 포름알데히드, 이소프로필알코올, 니트로셀룰로오스, 부틸아세테이트, 에틸아세테이트
탑코트	• 네일 폴리시를 바른 후 손톱 표면에 마지막으로 바르는 것으로 광택이 나게 하고 폴리시가 쉽게 벗겨지지 않게 보호함 • 주성분 : 송진, 니트로셀룰로오스, 폴리에스터, 용해제, 알코올, 레진
네일 보강제	• 자연네일의 사용하며, 찢어지거나 갈라진 약한 손톱을 강화하고 영양 공급함 • 주성분 : 에틸아세테이트, 비타민, 니트로셀룰로오스, 부틸아세테이트
네일 화이트너	• 손톱의 프리에지 부분을 하얗게 보이도록 하는 것 • 주성분 : 티타늄디옥사이드, 산화연
네일 표백제	• 손톱이 누렇게 변색되거나 착색되었을 때 하얗게 표백함 • 주성분 : 과산화수소, 레몬산
네일 폴리시 시너	• 네일 폴리시가 끈적거릴 때 사용하기 편하도록 1~2방울 넣어 묽게 만드는 제품 • 주성분 : 부틸아세테이트, 에틸아세테이트, 톨루엔
로션 및 크림	• 건조함을 예방하기 위해 피부의 유·수분을 보충하고 네일을 보호함 • 주성분 : 미네랄오일, 향료, 라놀린, 식물성 오일, 정제수

글루	• 네일 팁을 접착하거나 네일 랩 접착시 사용함
글루 드라이어	• 글루나 젤글루를 빨리 건조시킬 때 사용하는 제품 • 사용 시 10~15cm 거리를 두고 분사해야함
필러파우더	• 네일 팁이나 랩시술 시 두께를 만들거나 떨어져나간 부분을 보강할 때 사용하는 제품
젤글루	• 브러시 타입의 젤 형태 글루이며 중간 정도의 점성임 • 글루보다 접착력이 뛰어남
네일 팁	• 인조네일로 손톱 길이를 연장할 때 사용함
랩	• 자연네일이 갈라지거나 찢어진 경우 또는 인조 팁 위에 붙여 쉽게 떨어지지 않게 유지되는 제품
프라이머	• 손톱 표면의 pH밸러스(4.5~5.5)를 조절해 유·수분을 제거함 • 아크릴 네일의 접착효과를 높여주는 제품
폼	• 손톱의 길이를 연장하거나 인조네일의 형태를 만들기 위해 받침대 역할을 사용하는 제품
아크릴 리퀴드	• 액체 상태의 모노머라고 하며 아크릴 파우더와 혼합하여 사용하는 제품
아크릴 파우더	• 아크릴 리퀴드와 혼합하여 사용하는 제품 • 클리어, 핑크, 화이트, 컬러 파우더 등이 있음
브러시 클리너	• 브러시를 세척할 때 사용하는 제품
종이타월	• 수건 위에 깔고 지저분할 때마다 갈아주며 사용
솜	• 네일 폴리시를 제거할 때 사용
알코올	• 손이나 기구를 소독할 때 사용
스파출라	• 크림 등의 제품들을 덜어 낼 때 사용

PART II. 네일 개론

손 발의 구조와 기능

CHAPTER 04

1 뼈(골)의 형태 및 발생

- 골격계는 206개의 관절로 연결되어 있으며, 체중의 약 20% 차지한다.
- 뼈대 위에는 근육과 피부가 존재하고 신체에서 연약한 부위를 지지하고 보호하여 혈구를 생산하며 미네랄과 지방을 저장한다.

1) 골격

   (1) 골격의 기능

      ① 보호기능 : 뇌와 내부 장기를 보호

      ② 지지기능 : 인체를 지지

      ③ 저장기능 : 칼슘, 무기질, 인을 저장

      ④ 조혈기능 : 골수에서 혈액세포 생성

      ⑤ 운동기능 : 근육의 운동 시 지지대의 역할

   (2) 골격의 종류(206개)

      ① 두개골(머리뼈)
- 뇌두개골(측두골, 전두골, 사골, 두정골, 후두골, 접형골) – 8개
- 안면두개골(누골, 구개골, 하악골, 서골, 하비갑개, 비골, 상악골, 관골) – 14개

      ② 설골(목볼뼈) – 1개

      ③ 척추
- 경추(목뼈) – 7개, 흉추(등뼈) – 12개, 요추(허리뼈) – 5개, 천추(엉치뼈) – 1개, 미추(꼬리뼈) – 1개

      ④ 이소골(귀속뼈) – 6개

      ⑤ 늑골(갈비뼈) – 24개

⑥ 흉골(복장뼈) - 1개

⑦ 상지골(팔뼈) - 64개

⑧ 하지골(다리뼈) - 62개

(3) 뼈의 형태에 따른 분류

장골(긴뼈)	• 길이가 너비보다 긴뼈 • 상완골, 척골, 요골, 대퇴골, 비골, 경골 등
단골(짧은뼈)	• 길이와 너비가 비슷한 뼈 • 수근골, 수지골, 족지골, 족근골 등
불규칙골	• 불규칙한 형태이며, 뼈와 뼈를 연결시키는 형태의 뼈 • 척추골, 사골, 미골, 접형골, 천골 등
편평골(납작뼈)	• 얇고 넓은 것이 특징이며, 골수강이 없는 납작한 뼈 • 견갑골, 두개골, 늑골 등
종자골(종강뼈)	• 씨앗 형태의 모양이며, 작고 납작한 뼈 • 슬개골
함기골(공기뼈)	• 뼈 속에 빈공간이 있어 공기를 함유하고 있는 뼈 • 전두골, 접형골, 사골, 상악골, 측두골 등

(4) 뼈의 성장

① 길이 성장 : 골단연골에서 세포분열에 의해 성장

② 부피 성장 : 골아세포와 파골세포의 의해 성장

(5) 뼈의 구조

① 골막

- 뼈의 표면을 싸고 있는 결합조직으로 모세혈관과 신경섬유가 다량으로 분포
- 뼈의 보호, 뼈의 영양, 뼈의 성장에 중요한 역할

② 골조직

- 치밀골 : 뼈의 표면
- 해면골 : 뼈의 중심부

③ 골수강 : 뼈 구조물의 일부분으로 치밀골 내부의 골수로 차있는 공간

④ 골단 : 장골의 양쪽의 둥근 끝부분

2 손과 발의 뼈대

1) 손의 뼈

손은 총 27개의 뼈 : 수근골(8개), 중수골(5개), 수지골(14개)로 구성

〈손뼈〉

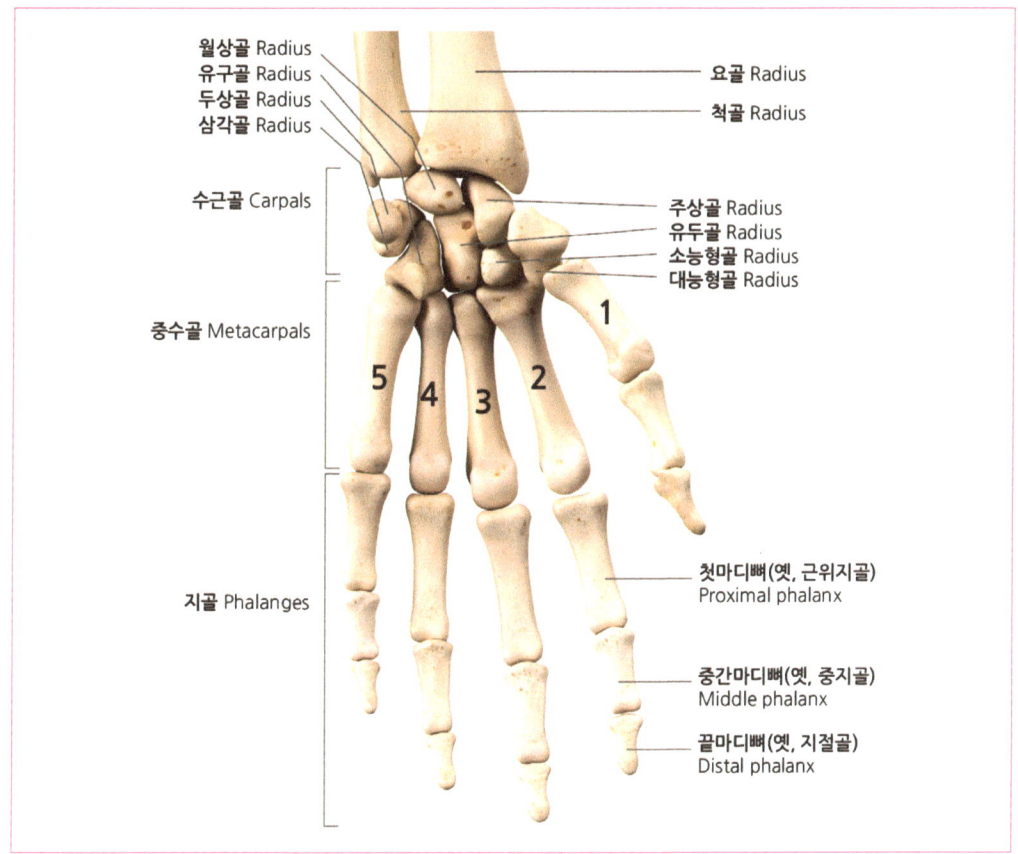

수근골 (손목뼈)	근위수근골 (몸쪽 손목뼈)	주상골(손배뼈) 월상골(반달뼈) 삼각골(세모뼈) 두상골(콩알뼈)	8개
	원위수근골 (먼쪽 손목뼈)	대능형골(큰마름뼈) 소능형골(작은마름뼈) 유두골(알머리뼈) 유구골(갈고리뼈)	
중수골 (손바닥뼈)		1지~5지 중수골	5개
수지골 (손가락뼈)		1지(기절골, 말절골 2개) 2지~5지(기절골, 중절골, 말절골 3개씩 12개)	14개

2) 발의 뼈

발은 총 26개의 뼈 : 족근골(7개), 중족골(5개), 족지골(14개)로 구성

〈발뼈〉

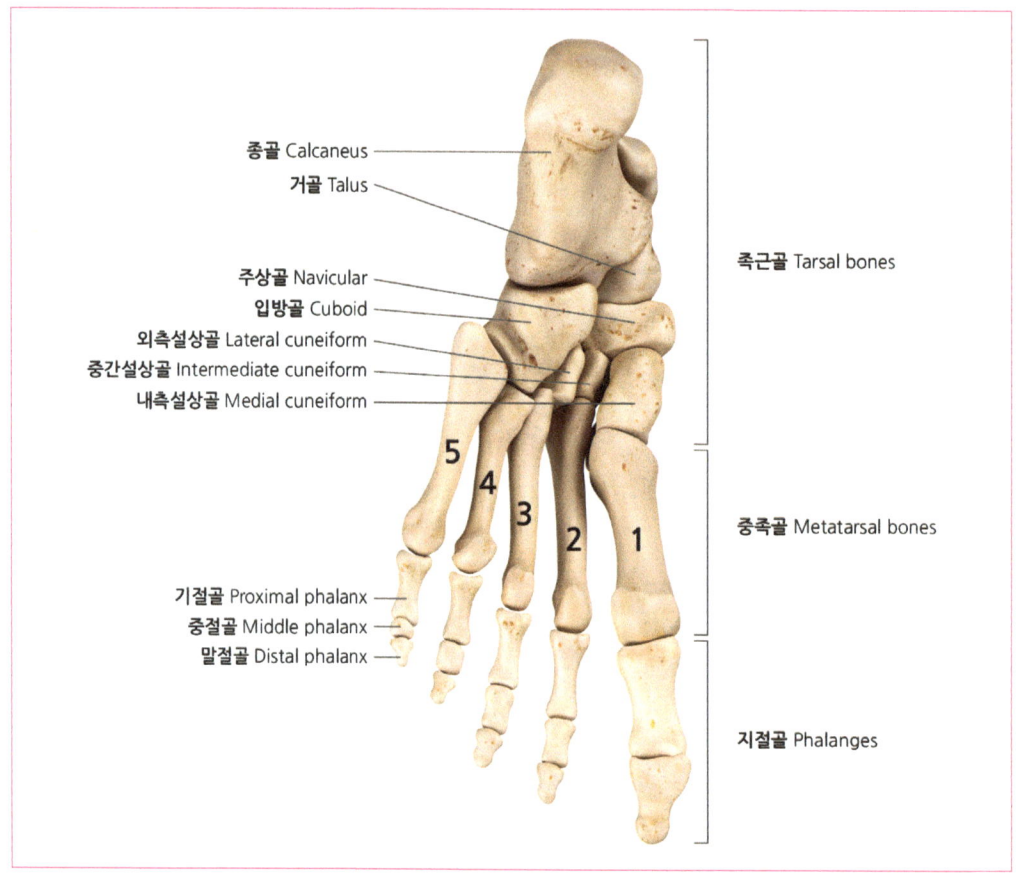

족근골 (발목뼈)	근위족근골 (몸쪽 발목뼈)	거골(목말뼈) 종골(발꿈치뼈) 주상골(발배뼈)	7개
	원위족근골 (먼쪽 발목뼈)	제1설상골(내측 쐐기뼈) 제2설상골(중간 쐐기뼈) 제3설상골(외측 쐐기뼈) 입방골	
중족골 (발바닥뼈)		1지~5지 중족골	5개
족지골 (발가락뼈)		1지(기절골, 말절골 2개) 2지~5지(기절골, 중절골, 말절골 3개씩 12개)	14개

3 손과 발의 근육

1) 손의 근육과 기능

신근(폄근) 손가락을 벌리거나 펴게 하는 근육	장무지신근(긴엄지폄근)	엄지손가락을 펴는 기능
	단무지신근(짧은엄지폄근)	
	지신근(손가락폄근)	2~5번 손가락을 펴는 기능
	시지신근(집게폄근)	집게손가락을 펴는 기능
	소지신근(새끼폄근)	새끼손가락을 펴는 기능
굴근(굽힘근) 손가락과 손목을 구부리게 하는 근육	장무지굴근(긴엄지굽힘근)	엄지손가락을 굽히는 기능
	단무지굴근(짧은엄지굽힘근)	
	심지굴근(깊은손가락굽힘근)	2~5번 손가락을 굽히는 기능(심층)
	천지굴근(얕은손가락굽힘근)	2~5번 손가락을 굽히는 기능(표층)
	소지굴근(새끼굽힘근)	새끼손가락을 굽히는 기능
외전근(벌림근) 손가락 사이를 벌리는 근육	장무지외전근(긴엄지벌림근)	엄지손가락을 벌리는 기능
	단무지외전근(짧은엄지벌림근)	
	소지외전근(새끼벌림근)	새끼손가락을 벌리는 기능
대립근(맞섬근) 물건을 쥐거나 잡을 때 사용하는 근육	무지대립근(엄지맞섬근)	엄지손가락을 잡는 기능
	소지대립근(새끼맞섬근)	새끼손가락을 잡는 기능
내전근(모음근) 손가락을 모으거나 붙일 수 있게 하는 근육	무지내전근(엄지모음근)	엄지손가락을 모으는 기능
중수근	배측골간근(등쪽뼈사이근)	2~4번째 손가락을 벌리거나 굽히는 기능
	장측골간근(바닥쪽뼈사이근)	2, 4, 5번째 손가락을 모으거나 굽히는 기능
	충양근(벌레근)	손가락을 굽히거나 손허리뼈의 사이를 메워주는 근육

2) 발의 근육과 기능

굴근(굽힘근)	장무지굴근(긴엄지굽힘근)	엄지발가락을 굽히는 기능
	단무지굴근(짧은엄지굽힘근)	
	장지굴근(긴발가락굽힘근)	2~5번째 발가락을 굽히는 기능
	단지굴근(짧은발가락굽힘근)	
	장소지굴근(긴새끼굽힘근)	새끼발가락을 굽히는 기능
	단소지굴근(짧은새끼굽힘근)	
신근(폄근)	장무지신근(긴엄지폄근)	무지말절골을 펴는 기능
	단무지신근(짧은엄지폄근)	무지기절골을 펴는 기능
	장지신근(긴발가락폄근)	2~5번째 발가락을 펴는 기능
	단지신근(짧은발가락폄근)	2~4번째 발가락을 펴는 기능
외전근(벌림근)	무지외전근(엄지벌림근)	엄지를 벌리거나 굽히는 기능
	소지외전근(새끼벌림근)	새끼발가락의 벌리는 것을 보조
내전근(모음근)	무지내전근(엄지모은근)	무지를 모으거나 굽히는 기능
중수근	배측골간근(등쪽뼈사이근)	2~4번째 발가락을 벌리거나 굽히는 기능
	척측골간근(바닥쪽뼈사이근)	3~5번째 발가락을 모으거나 굽히는 기능
	충양근(벌레근)	기절을 굽히는 기능 중절골과 말절골을 펴는 기능

3) 손의 신경

정중신경	일부 손바닥의 움직임, 감각, 손목의 뒤집힘 등의 운동을 담당하는 신경
요골신경	팔과 앞팔, 손등의 감각을 지배하는 혼합성 신경
척골신경	피부감각을 주관하는 신경으로 손바닥 안쪽의 근을 지배하는 신경
근피신경(근육피부)	팔의 굴근에 대한 운동기능과 앞팔의 외측 피부감각기능을 지배하는 신경
액와신경(겨드랑이)	겨드랑이 부위의 신경으로, 삼각근과 소원근에 분포

4) 발의 신경

복재신경	무릎아래와 다리 안쪽의 감각을 전하는 신경
대퇴신경	근육의 감각을 느끼고 지배하는 신경
총비골신경	궁둥신경에서 종아리 바깥쪽과 발등으로 연결되는 종아리 신경
비복신경	장딴지의 바깥부분, 발목, 발뒤꿈치 등에 감각을 느끼는 신경
경골신경	근육을 지배하고 종아리 뒤쪽에서 발바닥의 근육과 피부로 보내는 기능을 하는 신경

네일 미용 기술

CHAPTER 01　**네일의 종류와 구분**　　　52
CHAPTER 02　**인조 네일관리**　　　56

PART Ⅲ. 네일 미용 기술

네일의 종류와 구분

1 자연 네일의 분류

자연 네일	손톱 관리	습식 매니큐어
		건식 매니큐어
		파라핀 매니큐어
		핫오일 매니큐어
	발톱 관리	페디큐어

2 네일 기본케어 종류 및 관리방법

1) 매니큐어

(1) 손톱의 모양(형태)를 잡고 큐티클을 정리, 컬러링, 손 마사지 등을 포함한 손 관리의 전체적인 것을 말한다.

(2) 매니큐어의 어원은 라틴어에서 파생된 마누스(Manus, 손) + 큐라(Cura, 관리)의 합성어

2) 매니큐어의 종류

(1) 습식 매니큐어

① 핑거볼에 담긴 물을 사용하여 큐티클을 불려 손 관리를 진행하는 방법
② 가장 보편적이고 기본적인 손 관리 방법

(2) 건식 매니큐어

물을 사용하지 않고 큐티클 연화제(리무버)를 사용하여 손 관리하는 방법
※ 최근 많이 사용하는 네일 드릴을 사용하는 손 관리 방법도 건식 매니큐어라 한다.

(3) 파라핀 매니큐어

① 파라핀을 워머기에 녹여 52~55°C의 온도에 2~3회 담갔다 빼고 10분 방치 후 제거

② 건조한 손에 오일 보습막이 생겨 거칠어진 손에 보습을 주는 손 관리 방법

③ 근육이완 효과가 있어 정형외과 치료에 사용

※ 시술을 삼가야 하는 피부 : 찢어진 피부, 습진, 빨갛게 부어오른 피부

(4) 핫 오일 매니큐어

① 워머기에 크림이나 오일을 데워 사용하는 손 관리 방법

② 큐티클 부분에 거스러미가 올라오거나 거칠어진 손에 사용하여 보습 관리를 진행

3) 습식 매니큐어 재료 및 도구

(1) 도구 : 리무버, 핑거볼, 푸셔, 니퍼, 클리퍼, 우드화일, 샌딩블럭(오렌지 샌딩), 라운드패드(거스러미 제거용)

(2) 재료 : 큐티클 리무버, 큐티클 오일, 안티셉틱(항균 소독제), 베이스 코트, 네일 폴리시(에나멜, 락커), 탑코트, 70% 알코올(소독용 에탄올), 폴리시 리무버

(3) 타월, 팔 받침 쿠션, 화장솜, 지혈제, 페이퍼 타월(키친 타월)

4) 습식 매니큐어 시술 순서

관리사 손 소독 ➡ 고객 손 소독 ➡ 컬러 제거 ➡ 쉐입 ➡ 표면정리 ➡ 핑거볼에 손 불리기 ➡ 큐티클 오일 또는 큐티클 리무버 또는 큐티클 크림 도포 ➡ 큐티클 밀어올리기 ➡ 큐티클 정리 ➡ 손 소독 ➡ 유분기 제거 ➡ 베이스 코트 ➡ 컬러링 ➡ 탑코트 ➡ 주변 정돈 및 마무리

5) 페디큐어

(1) 발과 발톱의 형태, 큐티클 정리, 컬러링, 발 마사지 등을 포함한 총체적인 발관리

(2) 라틴어 "페데스(Pedes, 발)"와 "큐라(Cura, 관리)"의 합성어

6) 습식 페디큐어 재료 및 도구

　(1) 도구 : 리무버, 핑거볼, 푸셔, 니퍼, 클리퍼, 우드화일, 샌딩블럭(오렌지 샌딩), 라운드패드(거스러미 제거용), 토우 세퍼레이터

　(2) 재료 : 큐티클 리무버, 큐티클 오일, 안티셉틱(향균 소독제), 베이스 코트, 네일 폴리시(에나멜, 락커), 탑코트, 70% 알코올(소독용 에탄올), 큐티클 리무버

　(3) 타월, 팔 받침 쿠션, 화장솜, 지혈제, 페이퍼 타월(키친 타월)

7) 습식 페디큐어 시술 순서

관리사 손 소독 ➡ 고객 발 소독 ➡ 컬러 제거 ➡ 쉐입(스퀘어) ➡ 표면정리 ➡ 큐티클 불리기 ➡ 큐티클 오일 또는 큐티클 리무버 또는 큐티클 크림 도포 ➡ 큐티클 밀어올리기 ➡ 큐티클 정리 ➡ 손 소독 ➡ 토우 세퍼레이터 ➡ 베이스 코트 ➡ 컬러링 ➡ 탑코트 ➡ 주변 정돈 및 마무리

3 네일 폴리시 성분

필름형성제	• 네일 폴리시를 단단하고 광이 나게 함 • 주성분 : 니트로셀룰로오스
가소제	• 피막의 유연성을 높임 • 주성분 : 구연산, 아세틸트리뷰틸씨트레이트, 캠퍼 등
클레이	• 혼합된 성분의 안정성을 유지하고 폴리시의 사용성을 높여 줌
수지	• 네일 폴리시를 탄력 있게 만들어줌 • 주성분 : 포름알데히드, 토실라미드
용제	• 점도와 건조속도를 조절 • 폴리시의 점성(흐름정도)을 높여줌
색소	• 색상 및 커버력을 위한 성분 • 무기안료와 유기안료 사용
자외선 방지제	• 자외선에 의한 색상 변색 방지 • 주성분 : 옥시벤존, 옥토크릴렌

4 컬러링

1) 네일 화장물 적용 전처리

유분기 제거	• 샌딩 및 180 그릿 이상의 파일을 사용하여 손톱 표면을 파일링하거나 아세톤 성분이 포함된다.
전처리제 도포	• 손톱에 남아있는 유분이 없도록 제거한다. • 피부에 묻지 않도록 주의하면서 도포한다. • 과도한 사용은 네일을 건조하게 만들 수 있다.

(1) 전처리제 종류

① 프라이머 : 산성 성분으로 접착력을 높여준다.

② 프리 프라이머 : 네일의 상태를 알카리성으로 만들어 유·수분을 제거한다.

2) 네일 컬러링의 종류

	종류	설명
	풀코트 (Full Coat)	• 네일 전체에 컬러링하는 기법
	프렌치 (French)	• 일자형, V자형, 사선형, 반달형으로 컬러링하는 기법 • 시험이나 대회에서는 3~5mm 반달형 프렌치 컬러링 기법으로 함
	딥 프렌치 (Deep French)	• 네일이 전체 길이 1/2 이상에서 1mm 위까지 컬러링하는 기법
	하프문, 루눌라 (Half Moon, Lunula)	• 루눌라 부분을 일정하게 남겨놓고 컬러링하는 기법
	프리에지 (Free Edge)	• 프리에지부분만 컬러링하지 않는 기법
	헤어라인 팁 (Hair Line Tip)	• 네일 전체를 컬러링한 후 벗겨지기 쉬운 프리에지 단면 부분을 약 1.5mm 정도 지우는 기법
	슬림라인, 프리월 (Slim Line, Free Wall)	• 네일이 길고 가늘게 보이도록 하는 방법 • 양쪽 옆면을 약 1mm 남기고 컬러링하는 기법
	그라데이션 (Gradatin)	• 네일의 전체 길이 1/2 이상에서 루눌라를 넘지 않게 프리에지에서 위로 갈수록 연해지는 기법

CHAPTER 02

PART Ⅲ. 네일 미용 기술

인조 네일관리

1 인조네일의 종류

인조 네일	네일 팁 오버레이	팁 위드 파우더
		팁 위드 랩
		팁 위드 젤
		팁 위드 아크릴
	네일 랩	실크 익스텐션
		실크 디자인
	젤 스컬프처	젤 원톤 스컬프처
		젤 투톤 스컬프처
		젤 디자인 스컬프처
	아크릴 스컬프처	아크릴 원톤 스컬프처
		아크릴 투톤 스컬프처
		아크릴 디자인 스컬프처

2 네일 팁

1) 네일 팁 개요

기능	• 자연 손톱의 길이 연장 및 보호
재질	• 플라스틱, 나일론, ABS수지 등
팁의 길이	• 자연 네일의 1/3이 적당

2) 팁 오버레이

네일 팁 자체만으로는 강도가 약하기 때문에 그 위에 네일 랩, 아크릴, 젤 등을 사용하여 보강하는 것을 "팁 오버레이"라고 한다.

3) 재료 및 도구

파일	• 네일의 모양을 잡거나 표면을 갈아줄 때, 광택을 낼 때 사용
네일 글루	• 자연네일에 인조 네일을 붙일 때 사용하는 네일 접착제 • 묽으면 빨리 마르고, 점성이 젤에 가까울수록 천천히 마른다.
네일 팁	• 손톱에 부착할 수 있도록 만들어진 인조 손톱
필러파우더	• 가루형태로 되어 있으며 네일의 두께나 꺼진 곳에 올려준다.
글루드라이	• 주로 가스 형태로 사용되며 네일 글루를 빠르게 건조시킨다. ※ 주의 사항 • 가까이에서 분사할 경우 조상(네일 베드)부분이 뜨거워 질 수 있으므로 10~15cm 떨어뜨려 분사한다. • 보안경과 마스크를 착용 후 사용한다. • 환기가 잘 되는 곳에 보관한다.

4) 팁의 분류

(1) 커브와 모양에 따라 종류를 분류한다.

풀 팁	• 큐티클 라인에 접착하여 자연 네일의 전체를 덮는 팁 • 디자인이 투박하여 임시방편으로 사용
내츄럴 팁	• 자연 네일의 길이를 자연스럽게 연장하고 싶을 때 사용 • 팁의 웰 부분에 글루를 도포하여 프리에지에 부착 후 팁턱을 제거 • 시간이 오래 걸림
프렌치 팁	• 프리에지에 접착하여 부착하는 팁 • 팁 턱을 제거하지 않고 부착하여 진행 • 내추럴 팁에 비해 시간이 적게 걸림

5) 네일 팁 사이즈 고르는 방법

(1) 자연네일의 사이즈와 동일한 사이즈의 팁을 선택한다.

(2) 맞는 사이즈가 없을 때는 한 사이즈 큰 팁을 파일로 갈아서 사용한다.

(3) 자연네일의 스트레스 포인트(양 옆)가 모두 덮일 수 있도록 해야 한다.
(4) 자연 네일보다 큰 사이즈의 팁을 부착할 경우 자연 네일 손상의 원인이 되며 사용해야 할 경우 양쪽 측면을 갈아 사용한다.
(5) 자연 네일보다 작은 팁을 부착하는 경우 자연 네일이 양쪽 측면이 변형되거나 부러지며 잘 떨어질 수 있다.

6) 네일 모양에 맞는 팁 선택 방법

하프 웰 팁	각이 지거나 양 옆면이 들어간 네일
끝이 좁아지는 내로우 팁	크고 넓적한 타입의 네일
일자 팁	아래로 향해 있는 네일
커브가 있는 팁	위로 솟아오르는 네일
옆선이 일직선인 팁	옆에서 봤을 때 아래로 처진 네일
웰 부분이 투명하고 두껍지 않은 팁	일반적인 자연 네일

7) 네일 팁 접착 방법

(1) 자연네일의 1/2 이상 덮지 않도록 해야 한다.
(2) 부착 시 각도는 45°로 진행한다.
(3) 팁을 접착 전 접착력을 높이기 위해 유분기 제거한다.

8) 팁 접착 시 주의점

(1) 접착제 양이 적으면 팁이 들뜨고 공기가 들어가기 쉽고, 양이 많으면 피부 주변으로 흐르고 마르는데 오래 걸린다.
(2) 흰 점이나 공기방울이 보일 경우 재작업을 해야 한다.
(3) 팁을 밀착 시킨 후 5~10초 정도 누르고 기다린 후 핀칭을 준다.
   ※ 핀칭 : 스트레스 포인트를 눌러 커브를 만들어 주고 밀착시켜주는 작업

9) 팁 위드 랩 재료

네일 팁(하프 웰 팁), 팁 커터, 네일 접착제, 글루드라이, 필러파우더, 글루, 젤 글루, 실크, 실크 가위

10) 팁 위드 랩 시술 순서

관리사 손 소독 ➡ 모델 손 소독 ➡ 컬러 제거 ➡ 쉐입 ➡ 샌딩 ➡ 유수분제거 ➡ 팁 부착 ➡ 팁 길이재단 ➡ 팁턱 제거 ➡ 글루 ➡ 필러파우더 ➡ 글루 ➡ 글루드라이 ➡ 표면정리 ➡ 실크 재단 ➡ 실크 부착 ➡ 글루 ➡ 글루드라이 ➡ 실크 턱 제거 및 프리에지 정리 ➡ 글루 ➡ 젤글루 ➡ 글루드라이 ➡ 파일링 ➡ 표면정리 ➡ 2way ➡ 오일 ➡ 주변 정돈 및 마무리

3 네일 랩

1) 네일 랩의 사용 방법

네일 랩은 "손톱을 포장한다"는 뜻으로 오버레이(overlay)라고도 한다.

방법	• 종이나 천을 네일 크기로 오려서 접착제를 사용하여 손톱에 붙이는 방법
용도	• 자연 네일이 약한 경우 자연 네일에 팁을 부착하고 덧붙여 보수의 기능으로 사용하며 부러지거나 찢어진 네일에 사용

2) 랩의 종류

실크(Silk)	• 명주 소재의 천으로 가볍고 얇으며 투명해서 가장 많이 사용
린넨(Linen)	• 굵은 소재의 천 • 강하고 오래 유지되지만 두껍고 천 조직이 그대로 보임 • 완성 후 컬러링 과정이 필요하여 잘 사용하지 않는 랩
화이버 글라스 (Fiber glass)	• 매우 가느다란 인조 유리섬유로 짜여져 글루가 잘 스며들어 자연스럽고 투명하며 반짝거림
페이퍼 랩 (Paper Wrap)	• 얇은 종이소재로 아세톤 및 논 아세톤에 용해되기 쉬워 임시 랩으로 사용
리퀴드 네일 랩	• 액체 타입으로 미세한 천 조각이 들어가 있어 순간 대체용 제품

3) 랩의 문제점

(1) 들뜸

① 랩이 자연네일에서 분리되어 떨어지는 것을 말한다.

② 유·수분이 제대로 제거되지 않은 경우 생길 수 있다.

③ 큐티클 주변으로 글루가 넘쳐 발렸을 경우 생길 수 있다.

④ 글루의 양을 많이 도포했을 경우 생길 수 있다.

⑤ 랩 부착 시 글루가 마른상태에서 도포한 후 교정했을 경우 생길 수 있다.

⑥ 랩이 구겨졌을 경우 생길 수 있다.

⑦ 랩의 턱 부분을 제대로 제거하지 않은 경우 생길 수 있다.

⑧ 자연 네일의 프리에지는 짧은데 길이를 길게 연장했을 경우 생길 수 있다.

⑨ 자연 네일이 자라나와 보수가 필요한 경우 생길 수 있다.

⑩ 오래된 글루를 사용했을 경우 생길 수 있다.

⑪ 마무리 과정에서 프리에지를 잘 바르지 않은 경우 생길 수 있다.

⑫ 부주의한 관리의 경우(물에 오래 담거나 뜯어내는 경우 등) 생길 수 있다.

(2) 부러짐

① 자연 네일이 너무 길 경우 생길 수 있다.

② 과도한 파일링이나 부적절한 파일링의 경우 생길 수 있다.

③ 글루의 양이 적게 도포되었을 경우 생길 수 있다.

④ 보수가 필요한 경우 생길 수 있다.

(3) 벗겨짐

① 자연 네일의 유·수분으로 인해 나타나는 현상이다.

② 프리에지 부분에서 랩이 일어나는 현상이다.

③ 자연 네일을 자를 때 클리퍼를 깊게 넣을 경우 생길 수 현상이다.

4) 네일 랩 순서

관리사 손 소독 ➜ 모델 손 소독 ➜ 컬러 제거 ➜ 쉐입(라운드 또는 오발) ➜ 샌딩 ➜ 유수분제거 ➜ 랩 재단 ➜ 랩 부착 ➜ 랩 연장 ➜ 글루 ➜ 글루드라이 ➜ 잔여 랩 제거 ➜ 글루 ➜ 필러파우더 ➜ 글루 ➜ 글루드라이 ➜ 핀칭 ➜ 랩 턱 제거 ➜ 표면정리 ➜ 글루 ➜ 젤 글루 ➜ 글루드라이 ➜ 파일링 ➜ 표면정리 ➜ 2way ➜ 오일 ➜ 주변 정돈 및 마무리

4 아크릴 네일

아크릴 액체(모노머)와 아크릴릭 파우더(폴리머)를 혼합해서 만드는 인조 네일

1) 아크릴 네일 종류

(1) 아크릴 팁(팁 위드 아크릴) : 팁 위에 아크릴을 올리는 방법
(2) 스컬프처 네일 : 폼 위에 아크릴을 올려 손톱을 길게 만드는 방법

2) 아크릴릭 네일의 물질

모노머(Monomer)	• 중합체를 구성하는 단위가 작고 서로 연결되지 않은 결합이 없는 물질인 단량체(단일분자) • 뜨거운 온도와 빛에 장시간 노출되면 변질 우려가 있음 • 액체 상태로 폴리머(아크릴 분말)를 녹여 반죽(아크릴 리퀴드)
폴리머(Polymer)	• 구슬들이 길게 체인 모양으로 연결된 중합체(고분자) • 아크릴을 분말 형태로 만든 물질 • 완성된 아크릴 네일 또는 아크릴 분말이 폴리머에 속함
화학중합개시제 = 카탈리스트(Catalyst)	• 카탈리스트 함유량에 따라 굳는 속도를 조절할 수 있음 • 촉매제로 화학 중합 개시제 • 첨가 물질로써 아크릴을 빨리 굳게하는 작용을 함

3) 재료 및 도구

아크릴 리퀴드 = 아크릴 모노머	• 리퀴드(액상) 물질로 아크릴릭 파우더와 섞어서 사용
아크릴릭 파우더 = 아크릴 폴리머	• 분말(가루) 상태로 재료로 다양한 색상 사용
프라이머	• 자연 네일 표면의 유·수분 제거 • 자연 네일 표면의 pH 밸런스 유지 • 단백질 화학작용으로 녹여줌 • 아크릴의 접착력을 높여줌
디펜디시	• 아크릴 리퀴드를 덜어 쓸 수 있는 용기

네일 폼	• 스컬프처 네일 시술 시 모양을 잡아주는 틀 • 일회용 폼 – 재질이 종이이며, 뒷면에 접착제가 발려져 있어 일반적으로 많이 사용 • 재사용 폼 – 재질이 알루미늄, 플라스틱 등으로 만들어짐
브러시 클리너	• 아크릴 시술 후 브러시를 세척하는 액
아크릴 브러시	• 아크릴 리퀴드와 파우더를 혼합한 반죽을 올릴 때 사용하는 브러시 • 모양, 길이, 크기 등에 따라 종류가 다양함
기타	• 보안경, 장갑, 마스크 등

4) 아크릴 네일의 특징

(1) 완벽하게 굳어지는 시간 약 24~48시간

(2) 자연 네일의 두께를 보강하고 형태를 보정하고 길이를 연장할 수 있다.

(3) 온도와 습도에 민감하다.

(4) 작업 적정 온도는 22~25°C

(5) 주로 교조증(물어뜯는 손톱) 교정에 효과적으로 사용한다.

5) 아크릴 브러시의 구조

팁(Tip)	• 브러시의 끝부분 • 큐티클 라인, 스마일 라인, 세밀한 디자인 표현 등을 할 때 사용
벨리(Belly)	• 브러시의 중간 부분 • 아크릴의 길이, 두께 및 표면 정리, 볼의 전체적인 균형을 맞추기 위해 두드려줄 때 사용, 그라데이션 작업 시 부드럽게 연결
백(Back)	• 브러시의 윗부분 • 볼을 전체적으로 펼쳐줄 때 사용

6) 아크릴 스컬프처

(1) 아크릴 스컬프처 재료

　　네일 폼, 아크릴 파우더, 아크릴 리퀴드, 아크릴 브러시, 디펜디시, 프라이머

(2) 아크릴 스컬프처 작업 순서(아크릴 원톤 스컬프처)

　　관리사 손 소독 ➡ 모델 손 소독 ➡ 컬러 제거 ➡ 쉐입(라운드 또는 오발) ➡ 샌딩 ➡ 유수분제거 ➡ 프라이머(전처리제) 도포 ➡ 네일 폼 재단 ➡ 네일 폼 접착 ➡ 아크릴 볼 올리기 ➡ 네일 폼 제거 ➡ 핀칭 ➡ 파일링 ➡ 표면정리 ➡ 2way ➡ 오일 ➡ 주변 정돈 및 마무리

5 젤 네일

1) 젤 네일의 정의

젤 네일은 젤을 사용하는 인조 네일로 말릴 때 자연 건조기를 이용한 일반 네일과 달리 LED 또는 UV 램프에 경화시킨다.

2) 젤의 광선

(1) UV램프

자외선 A(UV A, 320~400nm)

(2) LED

가시광선(할로겐 램프, 400~700nm)

3) 젤 네일의 종류

(1) 라이트 큐어드 젤

UV 램프나 LED 램프를 사용한 광선을 활용해 굳어지게 하는 방법이다.

(2) 노 라이트 큐어드 젤

광선을 사용하지 않고 응고제인 글루 드라이를 스프레이 형태로 뿌리거나 브러시로 바르고 굳어지게 하는 방법이다.

(3) 소프트 젤

점도가 작고 부드러운 제품으로 내구성과 지속성이 떨어지며 아세톤에 녹아 지우기 쉬우나 하드 젤에 비해 접착성이 떨어진다.

(4) 하드 젤

점도가 크고 단단한 제품으로 내구성과 지속성이 강하며 아세톤에 제거되지 않아 제거 시 파일이나 네일 드릴을 사용하여 조심스럽게 제거한다.

4) 젤 네일 시스템

올리고머 (Oligomer)	• 2개 이상의 분자 화합물이 결합한 소프트 젤(저분자)과 하드 젤(중분자)의 화합물로 점성이 있고 반응이 완료되지 않은 물질 • 소중합체
폴리머 (Polymer)	• 올리고머가 빛에 반응에 의해서 고체로 변화하며 완성된 물질 • 고중합체(완성된 젤 네일)
광중합개시제	• 광선을 흡수하여 중합 반응을 일으키는 물질 • 젤에 참가되어 있는 광중합개시제에 따라 젤 램프기기(UV, LED 램프)의 종류가 달라진다.

5) 젤 네일의 특성

(1) 냄새가 없고 시술이 편리하다.
(2) 작업이 간편해 관리 시간이 단축된다.
(3) 투명도가 좋고 지속력이 높으며 광택이 오래 유지된다.
(4) 컬러가 다양하여 원하는 디자인 작업이 가능하고 광택과 발색이 좋다.
(5) 부작용이 적고 누구나 시술 가능하다.
(6) UV, LED 광선을 받기 전에는 굳지 않아 원하는 모양을 잡기 쉽다.
(7) 아크릴 네일과 화학적 성분이 유사하지만, 응고를 도와주는 별도의 촉매제인 UV, LED 광선이 필요하다.

6) 젤 네일 도구 및 재료

젤	클리어 젤, 컬러 젤, 베이스 젤, 톱 젤
젤 브러시	젤을 바를 때 사용하는 브러시
젤 램프	젤을 굳게 만드는 기구
젤 클렌저	큐어링 후 손톱 표면에 남아있는 미경화 젤을 닦아 낼 때 사용하는 도구, 알코올(= 소독용 에탄올)이 베이스로 사용
젤 와이퍼	미경화 젤을 닦을 때 젤 클렌저에 묻혀 사용하는 도구(스펀지, 페이퍼 타월 등)
젤 폼	젤 스컬프처 작업 시 손톱을 연장할 때 받침대로 사용하는 도구

7) 젤 스컬프처 시술 순서(젤 원톤 스컬프처)

관리사 손 소독 ➡ 모델 손 소독 ➡ 컬러 제거 ➡ 쉐입(라운드 또는 오발) ➡ 샌딩 ➡ 유수분제거 ➡ 네일 폼 재단 ➡ 네일 폼 접착 ➡ 베이스 젤 바르기 ➡ 큐어링 ➡ 클리어 젤 올리기 ➡ 큐어링 ➡ 핀칭 ➡ 네일 폼 제거 ➡ 파일링 ➡ 표면정리 ➡ 톱 젤 바르기 ➡ 큐어링 ➡ 오일 ➡ 주변 정돈 및 마무리

※ 큐어링 : 젤을 굳히는 과정으로 UV, LED 램프를 이용하는 것을 말한다.

6 네일 화장물 제거

1) 네일 화장물 제거제 종류

폴리시 리무버	• 아세톤, 에틸아세테이트, 오일, 글리세린 등의 성분을 혼합되어 있음 • 소량의 아세톤이 들어가 있음
젤 폴리시 리무버	• 폴리시 리무버에 아세톤의 함량을 높여 사용하는 것으로 백화현상이 생길 수 있음 • 제거 시 자연 네일 주변에 큐티클 오일이나 큐티클 크림을 도포하여 피부보호
퓨어 아세톤	• 인조 네일을 제거할 때 사용

2) 일반 폴리시 네일 제거

(1) 일반 폴리시 네일의 주 성분인 니트로셀룰로오스는 폴리시 리무버를 사용하여 제거한다.
(2) 잘 지워지지 않는 폴리시는 오렌지 우드스틱에 솜을 말아 폴리시 리무버를 묻혀 닦아준다.

3) 젤 폴리시 네일 제거

(1) 젤 폴리시 네일은 경화된 후 단단해 지기 때문에 퓨어 아세톤 또는 젤 폴리시 리무버를 사용한다.
(2) 젤 폴리시 리무버와 퓨어 아세톤을 사용할 경우 백화현상이 생길 수 있다.

4) 인조 네일 제거

(1) 인조 네일을 작업한 후 오랜 시간이 지나 인조 네일의 30% 이상이 없어지거나 깨진 경우, 곰팡이가 생성된 경우 인조 네일을 즉시 제거한다.
(2) 네일 파일과 오렌지 우드스틱은 사용 즉시 폐기하고, 네일 도구는 소독한다.

5) 인조 네일 제거 작업순서

관리사 손 소독 ➔ 모델 손 소독 ➔ 길이 제거 ➔ 파일링 ➔ 손톱 주변 큐티클 오일 바르기 ➔ 퓨어아세톤 올리기 ➔ 호일로 감싸기 ➔ 제거 ➔ 손톱 표면 다듬기 ➔ 자연네일 형태 조형 ➔ 손 정리 ➔ 주변 정돈 및 마무리

IV

피부학

CHAPTER 01	**피부와 부속기관**	68
CHAPTER 02	**피부유형 분석**	75
CHAPTER 03	**피부와 영양**	76
CHAPTER 04	**피부장애와 질환**	81
CHAPTER 05	**피부와 광선**	87
CHAPTER 06	**피부면역 및 피부노화**	89

PART IV. 피부학

피부와 부속기관

1 피부

신체의 표면을 덮고 있는 조직으로 다양한 생리적 기능을 수행하며, 외부 자극으로부터 신체를 보호하는 역할

2 피부의 구조

1) 표피(Epidermis)

(1) 표피의 구조

구조	특징
각질층	• 표피의 가장 바깥층, 무핵층으로 라멜라 구조 • 외부자극으로 부터 피부를 보호, 유해물질 침투를 막아줌 • 케라틴, 천연보습인자, 지질로 구성
투명층	• 손바닥이나 발바닥에 존재, 엘라이딘 함유 • 빛 차단이나 수분 침투를 방지
과립층	• 각질화 과정이 처음 시작되는 세포층 • 피부의 수분 증발 방지, 레인방어막 존재, 외부 이물질 침투를 방지
유극층	• 살아 있는 유핵세포, 가시층이라고도 함 • 랑게르한스 세포가 존재, 유해세균으로부터 우리 몸을 보호(피부면역)
기저층	• 각질 형성 세포, 멜라닌 형성 세포로 구성 • 표피의 가장 아래층에 위치, 원추상의 단층으로 구성, 살아 있는 유핵 세포층 • 모세혈관으로부터 영양을 공급받아 세포분열을 통해 새로운 세포 형성 • 기저층에 상처가 나면 흉터가 남음

〈피부의 구조〉

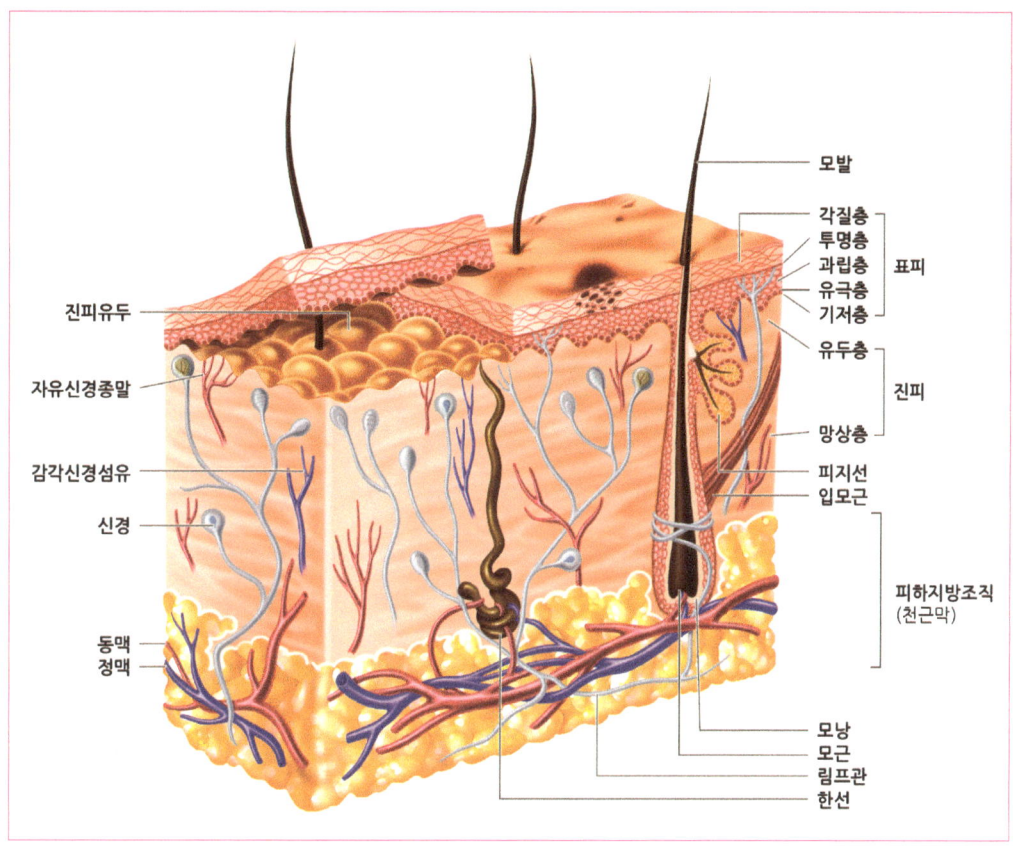

〈표피의 구조〉

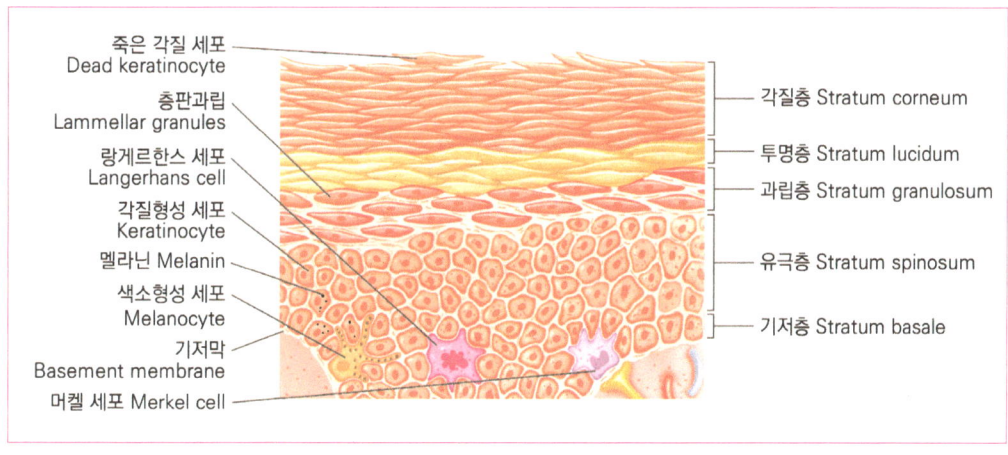

(2) 표피의 구성세포

구조	특징
각질형성세포	• 표피의 각질(케라틴) 생성, 표피의 기저층에 존재 • 각화 주기는 약 28일
멜라닌형성세포	• 대부분 기저층에 위치, 피부색을 결정하는 멜라닌 색소 생성 • 자외선을 흡수 또는 산란시켜 피부가 손상되는 것을 방지
랑게르한스세포	• 대부분 유극층에 존재, 피부 면역기능 담당 • 외부 이물질인 항원이 피부에 침투하면 림프구로 전달
머켈 세포	• 촉각수용체로 피부에서 촉각을 감지하는 역할 • 기저층 위치

2) 진피(Dermis)

(1) 진피의 구조

구조	특징
유두층	• 표피의 기저층 밑에 위치 • 세포성분과 기질성분이 많고 모세혈관, 신경종말, 림프관이 풍부하게 분포 • 손상을 입으면 흉터를 발생
망상층	• 그물 모양의 결합조직으로 진피층의 대부분인 80% 차지 • 혈관, 림프관, 신경관, 한선, 피지선, 모발 등이 복잡하게 분포 • 감각 기관으로 압각, 온각, 냉각이 있음

(2) 진피의 구성성분 : 콜라겐(교원섬유), 엘라스틴(탄력섬유), 기질(무코다당류)

(3) 진피의 구성세포 : 섬유아세포, 대식세포, 비만세포

3) 피하조직(Subcutaneous Tissue)

(1) 지방세포들이 축척되어 있는 느슨한 결합조직으로 진피와 근육 사이에 위치

(2) 신체부위나 성별, 나이, 영양 상태에 따라 피하조직의 두께도 달라짐

(3) 지방의 두께에 따라 비만의 정도 결정

(4) 체온유지, 수분조절, 탄력성 유지, 남은 영양분 저장, 외부의 충격흡수

(5) 여성 호르몬과 관계가 있어 남성에 비해 여성의 피하 지방층이 두꺼움

3 피부의 생리적 기능

구분	주요 기능 및 역할
보호기능	• 물리적 자극, 화학적 자극, 자외선, 세균 침입으로부터 보호
체온조절기능	• 외부열을 차단하거나 내부열의 발산을 막아 체온 조절
분비 및 배출기능	• 피지와 땀을 분비
감각기능	• 머켈세포를 통해 온각, 냉각, 압각, 통각을 감지하는 기능
흡수기능	• 이물질의 침투를 막고 지방이나 수분에 용해된 물질을 흡수
비타민D 합성기능	• 자외선 자극에 의해 비타민D 생성
호흡기능	• 호흡의 약 1% 정도의 가스 교환
저장기능	• 수분을 포함한 영양물질을 저장, 피하지방은 칼로리 저장
면역기능	• 랑게르한스 세포가 존재하여 피부의 면역에 관여

4 피부의 부속기관

1) 한선(Sweat Gland, 땀샘)

(1) 한선의 특징

진피와 피하지방 조직의 경계부에 위치, 분비물 배출 및 땀 분비 기능, 체온조절 기능

(2) 한선의 종류

소한선(에크린 한선)	대한선(아포크린 한선)
• 진피층에 위치 • 입술, 음부를 제외한 전신에 분포 • 손바닥과 발바닥에 가장 많이 분포 • pH 3.8~5.6의 약산성 • 무색무취의 체액을 배출 • 체온조절과 노폐물 배출의 중요한 역할	• 겨드랑이, 눈꺼풀, 유두, 배꼽 주변에 분포 • 모낭과 연결되어 모공을 통해 피지선의 땀을 분비 • pH 5.5~6.5의 산도 • 액취증 또는 암내를 만듦 • 사춘기 때 기능이 가장 활발 • 성과 인종에 따라 분비량이 다름 (여성 > 남성, 흑인 > 백인 > 동양인)

2) 피지선(Sebaceous Gland)

(1) 피지선의 특징

① 망상층에 위치, 모낭선이라고도 함

② 손·발바닥을 제외한 전신에 분포

(2) 피지의 생성

① 피지는 사춘기에 왕성해지며 나이가 들면 피지 생산이 줄어듦

② 촉진 : 남성호르몬(안드로겐), 억제 : 여성호르몬(에스트로겐)

③ 피지의 1일 분비량은 약 1~2g

④ 계절에 따라 피지 분비량이 다름(여름 > 가을 > 봄 > 겨울)

⑤ 피지선의 노화현상 : 피지분비 감소, 피부의 중화능력 하락, 피부의 산성도 약해짐

⑥ 피지의 성분 : 트리글라세라이드, 왁스, 스쿠알렌, 콜레스테롤 등과 유화 작용하는 물질이 포함

(3) 피지의 기능

① 수분 증발 억제 및 땀과 기름을 유화시키는 역할

② 피부와 모발에 촉촉함과 윤기를 부여

③ 피부 보호, 외부 이물질 침입 억제

④ 체온 저하를 막아줌

3) 모발(hair)

(1) 모발의 특징

① 케라틴으로 구성, 신체 보호와 체온 조절의 역할, 장식과 미용의 효과

② 모발의 결합구조

   가. 폴리펩티드결합 : 세로 방향의 결합으로 모발의 결합 중 가장 강한 결합

   나. 측쇄결합 : 가로 방향의 결합

④ 피부와 모발의 색을 결정하는 색소

   가. 유멜라닌 : 갈색~검은색까지의 어두운 색

   나. 페오멜라닌 : 노란색~ 붉은색까지의 밝은 색

(2) 모발의 구조

　① 모간 : 피부 표면 밖으로 나와 있는 부분

　　가. 모표피 : 모발의 가장 바깥 부분의 비닐 모양으로 큐티클이라고 부름

　　나. 모피질 : 모발의 85~90% 차지하며 수분 유지와 탄력에 영향을 미침

　　　　　　　 케라틴 단백질, 피질세포와 세포간 결합 물질들로 구성, 멜라닌 색소 함유

　　다. 모수질 : 모발의 단면의 중심부에 위치, 멜라닌 색소 입자가 존재

〈모발의 구조〉

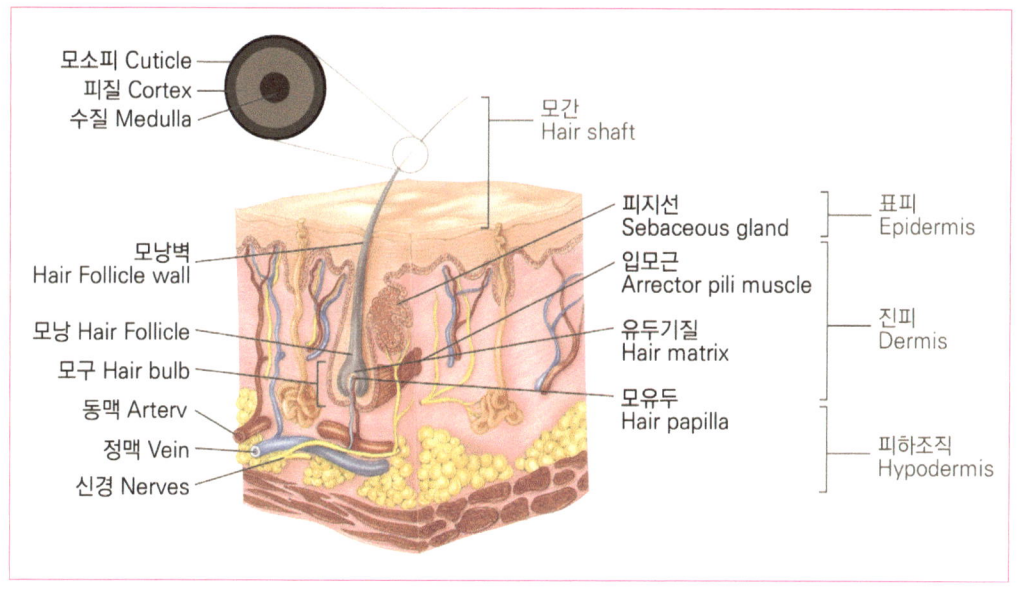

　② 모근 : 피부 속 모낭 안에 있는 부분으로 모발 성장의 근원이 되는 부분

　　가. 모낭 : 털을 만들어 내는 기관으로 모근을 싸고 있음

　　나. 모구 : 둥근 모양으로 모낭의 뿌리 부분으로 모발이 성장

　　다. 모유두 : 모구의 중심부에 위치하며 혈관과 림프관을 통해 모발의 영양공급 관장

　　라. 모모세포 : 모세 혈관으로부터 영양분을 흡수해 모발에 전달하고, 분열과 증식작용을 통해 모발을 형성

　③ 입모근 : 불수의근이며 자율신경의 지배를 받아 춥거나 무서울 때 수축이 되어 모발을 세우는 기능. 털세움근, 기모근이라고도 함

(3) 모발의 성장주기 : 성장기 → 퇴행기 → 휴지기의 단계를 반복

구분	내용	분포율	기간
성장기	세포가 분열, 증식하여 왕성히 자라는 시기	모발의 85~90%	3~5년
퇴행기	모발의 성장이 느려지는 단계	모발의 1~2%	2~4주
휴지기	성장이 멈추고 모근이 모낭에서 떨어져 나가는 시기	모발의 14~15%	4~5개월

4) 손·발톱(Nail, 조갑)

(1) 손·발톱의 특징

① 손가락 및 발가락의 말단을 보호하고 지지하는 기능

② 경단백질인 케라틴과 아미노산으로 이루어진 피부의 부속기관

③ 조갑의 경도는 함유된 수분의 함량이나 각질의 조성에 따라 좌우

(2) 손·발톱의 기능

① 보호 기능 (손끝과 발끝, 손·발톱 내의 진피층에 있는 신경과 혈관)

② 감촉을 느낄 수 있는 감각기관의 기능

③ 물건을 집을 때나 걸을 때 받침대의 역할

④ 장식적 역할

PART IV. 피부학

피부유형별 특징과 관리방법

CHAPTER 02

피부유형	특징	관리 방법
정상(중성) 피부 (nomal skin)	• 유·수분의 균형이 잘 이루어져 가장 이상적인 피부 • 피부 결이 촉촉하고 탄력이 좋음 • 잡티, 색소, 여드름 현상이 없다. • 화장의 지속력이 좋음	• 현재 상태를 유지 • 유·수분 밸런스 유지에 중점 • 연령, 계절에 따른 관리
건성 피부 (dry skin)	• 유·수분의 부족으로 피부표면이 건조하고 세안 후 당김현상이 심함 • 모공이 작고 피부결이 섬세함 • 탄력이 없으며 잔주름이 쉽게 발생 (노화 촉진)	• 알코올 함량이 낮은 화장수 사용 • 크림타입 클렌저 사용 • 마사지크림, 영양크림을 이용한 마사지로 혈액순환 촉진 • 잔주름 예방을 위한 보습용 크림과 아이크림을 사용
지성 피부 (oily skin)	• 피지선이 발달하여 과다한 피지 분비로 피부에 트러블이 발생 • 피지분비가 왕성하여 번들거림 • 여드름과 뾰루지가 잘 나며 피부가 거칠고 모공이 넓음 • 피부가 칙칙하거나 모세혈관 확장	• 오일성분이 없고 세정력이 우수한 클렌징 제품을 선택 • 수렴효과가 높은 화장수를 선택 수분공급을 해주고 불순물과 잔여물을 제거 • 지성 피부용 보습크림과 피지 흡착 효과가 높은 팩을 선택
민감성 피부 (sensitive skin)	• 가벼운 자극에도 예민하게 반응 • 햇빛, 오염물질, 기후조건에 의해 가려움을 느낌 • 모공이 거의 보이지 않음 • 홍반, 가려움, 알레르기, 모세혈관 확장, 색소침착 등이 발생	• 수분공급과 민감성용 보습크림 사용 • 진정효과가 있는 무알코올 화장수를 선택 • 스크럽이나 강한 마사지는 피함 • 피부의 색소침착을 방지하기 위하여 자외선 차단제
복합성 피부 (combination skin)	• 서로 다른 피부유형이 공존 • T존 부위는 피지 분비가 많아 모공이 넓고 지성피부의 특성 • U존 부위는 모공이 작고 수분이 부족한 건성피부의 특성	• T존은 피지조절과 모공관리 • U존은 보습효과가 있는 화장수를 선택 • 부드러운 로션타입의 클렌징 제품을 선택하여 노폐물과 메이크업을 제거
노화 피부 (aging skin)	• 피하지방 결핍, 혈액순환 저하 • 색소침착 불균형으로 탄력 저하 • 표피, 진피가 내인성 노화는 얇아지고 외인성 노화는 두꺼워 짐 • 외부환경에 대한 반응능력 감소	• 유·수분이 충분히 함유되어 있는 화장품을 사용 • 피부 노화를 촉진하는 자극에 대처하여 피부보호 • 멜라닌 생성 억제 및 피부 활성화에 도움이 되는 화장품을 사용

CHAPTER 03

PART IV. 피부학

피부와 영양

1 영양소

1) 열량 영양소 : 인체 활동에 필요한 열량을 공급(탄수화물, 단백질, 지방)
2) 구성 영양소 : 몸의 조직을 구성하는 성분을 공급(단백질, 무기질, 물)
3) 조절 영양소 : 인체의 생리기능과 대사조절(비타민, 무기질, 물)

영양소의 종류

1) 탄수화물(carbohydrate, 당질)

(1) 역할

① 장에서 포도당, 과당 및 갈락토오스로 흡수되는 신체의 중요 에너지원
② 혈당 유지 및 중추신경계를 움직이는 유일한 에너지원
③ 에너지 공급원 1g당 4kcal, 섭취는 하루 총 섭취량 중에 60~65%가 적당
④ 75%가 에너지원으로 사용되고 과잉분은 글리코겐의 형태로 간이나 피하조직에 저장
⑤ 탄수화물의 소화흡수율은 99%에 가까움

(2) 종류

구분	종류
단당류	포도당(혈액), 과당(과일, 꿀), 갈락토오스(우유)
이당류	맥아당(포도당+포도당), 서당(과당+포도당), 유당(갈락토오스+포도당)
다당류	단당류나 다당류가 결합된 형태(글리코겐, 전분, 덱스트린, 섬유소)

(3) 과잉, 결핍증세

구분	특징
과잉증세	• 혈액의 산도를 상승시켜 체질을 산성화 하여 피부의 저항력을 약화시켜 세균감염이 일어남 • 비만증, 당뇨병이 되기 쉬움
결핍증세	• 신진대사 기능저하, 발육부진, 기력부족, 체중감소, 피부질환 유발 등

2) 단백질

(1) 역할

① 생명유지에 필요한 필수 영양소, 피부, 모발, 근육 등 신체조직의 구성과 성장 촉진

② 에너지 공급원 1g당 4kcal

③ pH 평형 유지, 면역세포와 항체 형성, 효소와 호르몬 합성

(2) 종류

구분	종류
필수아미노산	• 체내에서 합성되지 않아 반드시 식품을 통해 흡수해야 하는 아미노산 • 성인 : 이소루신, 루신, 라이신, 발린, 메타오닌, 페닐알라닌, 트레오닌, 트립토판 • 성장기 어린이 : 성인의 필수아미노산 + 알기닌, 히스티딘
비필수아미노산	• 체내에서 합성 가능(필수아미노산 10종을 제외한 나머지)

(3) 과잉, 결핍증세

구분	특징
과잉증세	• 색소침착이 원인이 되기도 하며 기미, 주근깨, 흑자(점)등이 쉽게 발생
결핍증세	• 진피세포의 노화가 촉진되어 잔주름과 탄력성 상실 • 피부 면역력 저하로 여드름 및 피부 문제 발생

3) 지방(lipid, 지질)

(1) 역할

① 세포막의 구성 성분

② 필수 지방산의 공급원

③ 에너지 공급원 1g당 9kcal

④ 3대 영양소 중 가장 큰 열량을 냄

⑤ 지용성 비타민의 흡수 촉진, 혈액 내 콜레스테롤 축적을 방해

⑥ 몸 속 장기를 보호, 체온유지

(2) 필수 지방산

세포의 성장과 신체발달 과정에 꼭 필요한 지방산이나 체내에서 합성할 수 없는 지방산(리놀산, 리놀렌산, 아라키돈산)

4) 비타민

(1) 역할

① 체내에 생리작용 조절 및 면역기능 강화, 신경 안정

② 피부의 산화 방지 및 각질화 작용 촉진, 진피의 콜라겐 합성을 촉진

③ 체내에서 합성되지 않아 음식으로 섭취해야 함(비타민D는 인체에서 합성)

④ 빛, 열, 공기 중에 노출 시 쉽게 파괴

⑤ 어떤 용매에 녹는지에 따라 수용성과 지용성 비타민으로 나뉨

(2) 종류

① 수용성 비타민 : 물에 녹으며 체내 대사를 조절, 체내에 축적되지 않아 과잉증 없음

종류	특징 및 급원	결핍증상
비타민B_1 (티아민)	• 당질 대사의 보조 효소로 작용 • 민감성 피부의 면역력 증가	• 피부가 붓고 윤기 없어짐 • 피로감, 각기병, 식욕부진
비타민B_2 (리보플라빈)	• 영유아의 성장촉진 및 입안의 점막보호 • 보습력과 피부 탄력 증가, 습진, 비듬, 구강 질병에 효과	• 피부병, 구순염, 구각염, 백내장

종류	특징 및 급원	결핍증상
비타민B₁₂ (시아노발라민)	• 헤모글로빈 생성 시 중요한 비타민 • 항악성빈혈 작용, 세포조직 형성, 세포재생 과정 촉진	• 성장 장애, 악성 빈혈, 지루성 피부병 등
비타민C (아스코르브산)	• 멜라닌 색소 생성 억제 및 침착 방지 • 기미, 주근깨의 완화 및 미백 효과 • 항산화제, 자외선에 대한 저항력 증가 • 모세혈관벽 강화, 콜라겐 형성에 관여	• 괴혈병, 빈혈, 잇몸 출혈 등

② 지용성 비타민 : 지방에 녹으며 과잉 섭취 시 체내에 축적, 과잉증이 나타날 수 있음

종류	특징 및 급원	결핍증상
비타민A (레티놀)	• 각화의 정상화 및 피지분비 억제 • 상피조직의 신진대사에 관여 • 노화방지, 면역기능 강화, 주름, 각질 예방, 피부 재생 • 눈의 망막세포 구성인자로 시력에 중요 • 카로틴(항산화제)은 비타민A의 전구물질	• 결핍증 : 피부 건조 및 각질이 두꺼워짐, 야맹증, 안구 건조, 각막 연화증 • 과잉증 : 탈모
비타민E (토코페롤)	• 피부상처치유, 혈액순환 촉진 • 호르몬 생성 및 조기 노화 방지 • 불임증, 유산 예방 등	• 불임증, 피부건조, 노화, 유산
비타민D (칼시페롤)	• 뼈의 발육을 촉진 및 유지 • 습진과 피부각화증 관리 시 효과 • 자외선에 의해 만들어져 체내에 공급	• 골다공증, 피부병, 구순염, 구각염, 백내장
비타민K	• 혈액의 응고에 관여(지혈작용) • 비타민P와 함께 모세혈관벽을 강화함	• 상처 시 혈액 응고 지연, 모세혈관벽 약화, 조직 내의 출혈

5) 무기질(mineral, 미네랄)

(1) 역할

① 신진대사의 기능이 원활하게 이루어지도록 해주는 조절 영양소

② 체내 요구량은 적으나 결핍 시 질병이 발생할 수 있음

③ 뼈나 치아 등의 경조직 구성, 체액의 삼투압 및 pH 조절, 피부 및 체내의 수분량 유지, 효소 작용의 촉진, 산소 운반, 에너지 대사에 관여한다.

(2) 종류

구분	종류	특징	결핍증상
다량원소	칼슘(Ca)	• 골격과 치아의 주성분 • 근육 수축 및 이완, 혈액 응고, 신경 전달	• 근육경련, 골다공증
	인(P)	• 체액의 pH 조절에 중요한 역할 • 칼슘과 함께 골격과 치아를 구성	• 골격손상
	나트륨(Na)	• 근육의 탄력유지, 삼투압 유지 • 산·염기 평형 유지에 기여	• 근육경련, 식용감퇴, 피로감
	칼륨(K)	• 체액의 산·염기 평형 유지 • 항알레르기 작용, 노폐물 배설 촉진	• 구토, 설사, 식욕부진, 발육부진
	마그네슘(Mg)	• 골격과 치아의 구성 성분 • 삼투압 조절, 근육 활성 조절	• 근육수축, 떨림증
미량원소	철분(Fe)	• 혈액 속 헤모글로빈의 구성 성분 • 산소 운반 작용, 면역 기능 유지	• 빈혈, 손발톱 약화, 면역기능 저하
	아연(Zn)	• 상처 회복의 필수 인자 • 성장, 면역, 생식, 식욕 촉진	• 면역기능 저하, 손톱 성장 장애, 탈모
	요오드(I)	• 탈모 예방, 모세혈관 기능 정상화, 갑상선 및 부신의 기능 촉진 • 과잉 지방 연소를 촉진	• 갑상선종, 크레틴병

6) 물

(1) 인간의 생명 유지에 필수적인 영양소

(2) 인체는 60~70%가 수분으로 이루어짐

(3) 체액 조절, 삼투압 유지, 영양소의 운반과 흡수, 노폐물 배출

(4) 체온 유지와 신체 조직 생성

(5) 정상 피부 표면의 수분량은 10~20%

(6) 결핍증 : 피로감 식욕부진, 노동력 저하, 피부노화 원인

(7) 과잉증 : 부종, 고혈압 유발

PART IV. 피부학

피부장애와 질환

CHAPTER 04

1 피부장애

인체의 내적 또는 외적원인에 의해 유발된 피부병변의 모습을 발진이라고 한다.

1) 원발진

피부질환의 초기 병변을 말하며 1차적 피부장애 증상으로 2차 발병이 없는 상태

(1) 종류

구분	특징
반점	피부 표면이 융기하거나 함몰이 없고 다양한 크기의 피부 색깔 변화만 있음 (주근깨, 기미, 자반, 노화 반점, 오타모반, 백반, 몽고반점 등)
홍반	모세혈관의 염증성 출혈에 의한 피부발적 상태
구진	직경 1cm 미만의 융기, 여름의 초기 증상
농포	표피 부위에 고름(농)이 차있는 작은 융기, 여드름 등 염증을 동반한 형태
팽진	일시적인 부종으로, 피부가 부풀어 오르는 증상, 두드러기, 가려움증을 동반
소수포	1cm 미만의 맑은 액체를 포함한 수포, 화상, 접촉성 피부염 등에서 발생
대수포	1cm 이상의 소수포 보다 큰 병변, 혈액성 내용물을 포함, 궤양과 반흔을 남김
결절	구진과 종양의 중간 단계로 진피, 피하지방까지 침범
낭종	액체나 반고형 물질로 인해 표면이 융기, 피하지방까지 침범하여 심한 통증을 유발, 여드름 피부의 4단계에서 생성되는 것으로 치료 후 흉터가 남음
종양	직경 2cm 이상의 피부의 증식물, 모양과 크기 다양, 양성과 악성

2) 속발진

원발진 이후나 외적 요인에 의해 2차적인 증상이 더해져 변화된 상태의 병변

(1) 종류

구분	특징
인설	죽은 표피세포가 가루나 비듬모양의 덩어리로 피부표면에서 떨어져 나가는 것
찰상	긁거나 자극으로 생긴 표피의 박리, 흉터 없이 치유
가피	상처나 염증 부위에 진물, 혈청, 혈액, 표피 부스러기 등이 건조된 덩어리(딱지)
미란	수포가 터진 후 표피만 파괴되어 떨어져 나간 피부손실 상태, 흉터 없이 치유
균열	선상으로 갈라진 상태, 심한 건조증이나 장기간 염증으로 출혈과 통증이 동반
궤양	괴사에 의해 표피, 진피, 피하지방층에 결손이 생긴 상태, 치료 후 흉터 남음
반흔	흉터, 진피로부터 피하조직까지의 결손
위축	피부의 기능저하로 피부가 얇게 되는 상태, 노화피부 형성, 주름, 혈관이 투시
태선화	만성자극으로 인하여 표피와 진피 일부가 가죽처럼 두꺼워지며 딱딱해지는 현상

2 피부질환

1) 여드름(Acne)

(1) 피지의 과다 분비 및 과도한 각질 세포 증식과 모공 폐쇄에 의한 만성 염증성 질환

(2) 얼굴, 가슴, 목 등의 피지 분비가 많은 곳에 주로 발생

(3) 세균이 증식하면 염증성으로 진행될 수 있으며 여러 형태의 피부 병변이 나타남

(4) 여드름 발생 과정 : 면포(화이트헤드, 블랙헤드) – 구진 – 농포 – 결절 – 낭종

2) 색소성 피부질환

(1) 저색소 침착

종류	특징
백반증	• 후천적으로 발생하는 저색소 침착 질환 • 멜라닌 세포의 결핍으로 여러 크기 및 형태의 흰색 반점이 나타나는 것
백색증	• 선천적으로 멜라닌 색소가 결핍되어 나타나는 질환 • 눈, 피부의 일부, 모발 탈색, 전신 등의 다양한 형태로 나타나는 것

(2) 과색소 침착

종류	특징
기미	경계가 명확한 갈색 점, 주로 얼굴에 발생, 유전, 임신, 갱년기 장애, 내분비 장애로 발생, 중년 여성에게 잘 나타나며, 재발이 잘 됨
주근깨	선천적인 과색소 침착증, 색소 반점으로 자외선 노출 부위에 주로 발생
검버섯	거무스름한 얼룩, 노인 피부에 발생, 햇빛 노출 부위에 색소침착에 따라 발생
오타모반	청갈색 혹은 청회색의 얼룩진 색소반, 이마, 눈, 광대뼈 부분의 피부 질환
몽고반점	멜라닌 세포의 침착에 의한 푸른색 반점, 아기 피부에 발생
릴 흑피증	연고나 화장품 등으로 발생하는 색소침착
벨록피부염	향수, 오데코롱 등을 사용한 후 광감수성이 높아져 노출 부위에 색소침착

3) 열 및 한랭에 의한 피부 질환

(1) 열에 의한 피부질환

종류	특징

화상	• 불이나 뜨거운 물, 화학물질 등에 의해 피부 및 조직이 손상된 상태
	• 화상단계
	  - 1도화상 : 홍반성 화상으로 주로 표피층에만 손상
	  - 2도화상 : 수포성 화상으로 홍반, 부종, 통증을 동반
	  - 3도화상 : 피부 전층 및 신경이 손상된 상태로 괴사성 화상
	  - 4도화상 : 피부, 근육, 신경, 골조직 까지 손상된 상태로 피부이식이 필요

한진	땀이 피부의 표피 밖으로 배출되지 못하고 표피 안쪽에 축적되어 발진과 물집이 생기는 피부질환

종류	특징
홍반	약물이나 자외선 및 방사선에 장기간 노출되어 피부나 피부조직의 손상 등에 의해 피부 발적 및 충혈을 일으키는 질환

(2) 한랭에 의한 피부질환

종류	특징
동상	한랭에 의한 신체 부위의 생리적인 보상기전이 실패하여 국소적인 조직 손상이 발생하는 것
동창	한랭에 의한 비정상적인 국소적 염증반응으로 적자색의 부종과 가려움증이 나타남
한랭 두드러기	추위 또는 찬 공기에 노출되어 생기는 두드러기

4) 기계적 손상에 의한 피부 질환

종류	특징
굳은살	자극이나 압력에 의해 발생되는 국소적인 과각화증
티눈	압력에 의해 발생 되는 각질층의 증식 현상으로 통증을 동반
욕창	지속적인 압박으로 인해 혈액순환이 안되어 조직이 죽어서 발생하는 궤양

5) 감염성 피부 질환

(1) 세균성 감염증

종류	특징
농가진	• 주로 유·소아에서 두피, 안면, 팔, 다리 등에 수포가 생기거나 진물이 나며 노란색을 띠는 가피를 보임 • 전염력이 높은 화농성 연쇄상구균이 주 원인균임
절종	• 황색 포도상구균이 모낭에 침입해서 발생하는 질환으로 모낭과 그 주변 조직에 걸쳐 깊은 괴사를 일으킴 • 크고 깊은 염증이 생기며 용종으로 발전
봉소염	• 피하 조직에 세균이 침범하는 화농성 염증 질환 • 포도상구균이나 연쇄상구균이 원인균임, 통증과 전신 발열

(2) 바이러스 감염증

종류	특징
수두	• 주로 소아에게서 발생하며, 피부 및 점막의 전염성 수포질환, 흉터남음
단순포진	• 입술이나 코 등에 급성적으로 수포가 생기는 질환, 흉터 없이 치유, 재발 가능
대상포진	• 지각신경 분포를 따라 띠 모양으로 수포성 발진이 생기며 심한 통증 동반 • 높은 연령층에서 발생빈도가 높음
사마귀	• 파필로마 (Papilloma) 바이러스에 의해 발생 • 전염성이 강함
홍역	• 피부에 붉은 반점상 구진, 발열과 발진 • 전염성이 높고 소아에게 발생

(3) 진균성 감염증

종류	특징
백선	• 피부사상균(곰팡이균) 감염으로 발생 • 손톱(조갑백선), 손(수부백선), 발(족부백선), 머리(두부백선), 몸(체부백선)
칸디다증	• 피부, 점막, 손, 발톱에 생겨 표재성 진균증 유발

6) 피부염

종류	특징
접촉피부염	• 외부 물질 접촉에 의해 발생하는 피부염 • 급성으로 홍반, 구진, 소수포, 소양증, 부종 등이 동반될 수 있음
알레르기성 접촉피부염	• 특수 물질에 감작된 특정인에게 발생하는 질환으로 반점, 구진, 소양증 등의 피부 증상이 나타남 • 매우 가렵고 특정 부위에 한정되어 분포
아토피 피부염	• 만성 습진의 일종으로 발병 기전이 명확하지 않으나 유전적 경향 • 가을과 겨울에 심해지며 천식이나 건초열, 알레르기성 비염과 동반되기도 함
광독성접촉 피부염	• 광선에 노출 시 일정 농도 이상의 유해 물질과의 접촉으로 특정 물질에 감작된 사람에게만 발생하는 피부염
지루피부염	• 피부가 기름지며 죽은 각질이 인설(비듬)로 쌓여있고, 가려움을 동반하며 피지 과다로 인한 염증성 피부질환

종류	특징
신경피부염 (태선화)	• 만성 단순 태선으로 불리며 가려움으로 인해 만성적으로 긁어서 발생함
건성 습진	• 겨울철 소양증, 노인성 습진으로도 불림

7) 모발 질환

종류	특징
원형탈모증	• 정신적 스트레스나 자가면역 이상, 국소감염, 내분비 장애 등이 원인
남성형탈모증	• 유전적 요인, 연령, 남성 호르몬인 안드로겐과의 복잡한 상호 관계

8) 안검 주의 질환

종류	특징
비립종	• 지방 조직의 신진대사 저하로 인하여 표면에 발생한 작은 낭종 • 황백색의 작은 구진으로 주로 눈 아래 발생
한관종	• 땀샘관의 이상으로 생성된 양성 종양 • 좁쌀 크기의 반투명성 구진으로 물 사마귀라고도 함

PART IV. 피부학

피부와 광선

CHAPTER 05

태양 광선은 에너지의 근원으로 가시광선, 적외선, 자외선 등으로 나누어진다.

1 가시광선

가시광선은 사람의 눈으로 볼 수 있는 빛, 400~800nm의 중파장

2 자외선

1) 자외선의 구분

구분	파장범위	특징
UV C	단파장 200~290nm	• 가장 강한 자외선으로 오존층에 대부분 흡수 • 살균 소독 작용, DNA 손상으로 피부암 발생
UV B	중파장 290~320nm	• 피부에 미치는 영향이 크며 표피의 기저층, 진피 상부까지 도달 • 비타민D를 활성화, 기미, 주근깨, 홍반, 일광화상, 피부암 유발 • 홍반 발생 능력이 자외선A의 1,000배
UV A	장파장 320~400nm	• 일상생활에서 가장 쉽게 접하는 생활 광선 • 피부의 진피층까지 침투, 광독성, 광알레르기 반응 • 피부 탄력 감소, 주름 형성 및 만성적 광노화 유발 • 색소침착 작용은 인공 선탠에 이용

2) 자외선의 영향

구분	특징
장점	• 비타민D의 형성, 강장 효과, 살균·소독 효과, 혈액순환 촉진
단점	• 홍반 반응, 색소침착, 노화 촉진, 광 노화, 일광 화상, 피부암 등

3) 자외선에 의한 피부 반응

홍반, 색소침착, 일광화상, 광노화, 광독성 피부염, 일광 알레르기

3 적외선(Infrared Rays) 효과

1) 혈관을 팽창시켜 혈액량의 증가로 혈액 순환을 촉진
2) 신진대사를 촉진시켜 피부 세포의 활성화를 증진
3) 근육 조직의 이완으로 수축과 이완을 원활하게 한다.
4) 혈액 순환을 원활하게 하여 류머티즘, 요통의 통증 조절에 용이
5) 영양 성분이 열에 의해 피부 속 깊숙이 침투할 수 있게 도와줌

〈파장에 따른 태양광선 분류〉

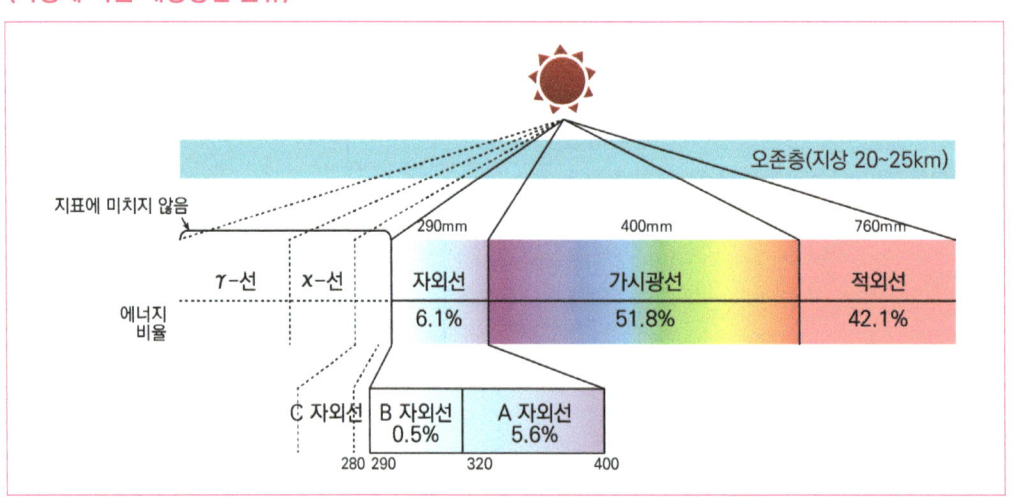

PART IV. 피부학

피부면역 및 피부노화

CHAPTER 06

1 피부면역

1) 면역의 정의

우리 몸이 스스로를 보호하기 위하여 외부로부터 침입하는 세균이나, 바이러스, 스트레스 등 신체의 저항능력을 감퇴시키는 요인 등에 대해 저항할 수 있는 신체의 능력

2) 항원과 항체

(1) 항원 : 외부 물질이 인체에 침입하는 경우 면역반응을 일으키게 하는 물질

(2) 항체(면역글로불린) : 외부에서 침입하는 항원에 대한 면역반응으로 항원에 대해 특이적으로 결합하는 단백질

3) 면역의 종류

(1) 선천적 면역(자연면역, 비특이성 면역)

　① 태어날 때부터 가지고 있는 자연 면역 체계

　② 외부로부터 항원이 들어오면 항원에 상관없이 즉시 반응하는 비특이적 면역 체계

　　가. 신체적 방어벽

　　　a. 피부(인체 내부를 보호하기 위한 기능)

　　　b. 호흡기(기침, 재채기, 콧물, 가래를 통한 세균 분사)

　　나. 화학적 방어벽

　　　a. 입, 코, 목구멍, 위의 산성 내부 점액질 등의 화학적 장벽

　　　b. 면역 시스템은 화학적 물질을 분비하여 인체의 방어벽을 형성

　　　c. 종류 : 히스타민, 키닌, 보체, 인터페론 등

Ⅳ. 피부학

다. 식세포 작용과 염증 반응
　　　　a. 1차 : 혈액의 백혈구
　　　　b. 2차 : 림프절, 몽우리 발생
　　　　c. 1, 2차 작용 후 90% 이상의 세균이 사라짐

(2) 후천적 면역(획득면역, 특이성 면역)
　① 체내의 조직세포에서 항체가 만들어지는 면역(내 몸에서 항체 형성)
　② 특정 항원을 인식해 제거하며 림프구가 관여
　　가. 체액성 면역 반응 : B 림프구에서 특정 면역체에 대해 면역글로불린이라는 항체 생성
　　나. 세포성 면역 반응 : T 림프구에서 항원을 인식하여 직접 항원을 공격
　　　　　　　　　　　혈액 내 림프구의 70~80% 차지

2 피부노화

1) 피부노화의 원인

유전자, 신경세포의 피로, 활성산소, 신진대사 과정에서 발생하는 독소, 텔로미어 단축, 아미노산 라세미화

2) 노화의 형태

내인성노화(자연노화)	외인성 노화(광노화)
• 나이가 들면서 피부가 노화되는 현상 • 표피와 진피 모두 얇아짐 • 각질층의 두께, 피지선의 크기 증가 • 피하지방 감소 : 유분 부족 • 랑게르한스세포 수 감소 : 피부면역기능 감소 • 멜라닌세포 감소 : 색소침착의 불균형, 자외선 방어능력이 저하 • 탄력성 저하, 건조현상, 잔주름이 형성됨 • 상처의 회복이 느려짐 • 피부의 감각 기능이 저하 • 표피, 진피의 영양교환 불균형으로 윤기 감소	• 외부의 자극에 의해 피부가 노화되는 현상 • 노폐물 축적으로 표피가 두꺼워짐 • 멜라닌세포수의 증가 • 진피 내의 모세혈관 확장 • 탄력 감소, 피부가 건조해지고 거칠어짐 • 순환의 변화, 불량한 영양 상태, 일광 유발성 손상 등의 요인에 의해 세포의 재생이 느려짐 • 콜라겐의 변성 및 파괴가 일어남 • 점액 다당질 증가 • 과색소 침착 등이 나타남 • 피부암이 발생

V 화장품학

CHAPTER 01 화장품학 개론	92
CHAPTER 02 화장품의 종류와 기능	94
CHAPTER 03 화장품제조	102

PART V. 화장품학

화장품학 개론

1 화장품의 정의(화장품법 제2조 제1호)

화장품이란 인체를 청결·미화하여 매력을 더하고 용모를 밝게 변화시키거나 피부·모발의 건강을 유지 또는 증진하기 위하여 인체에 바르고 문지르거나 뿌리는 등 이와 유사한 방법으로 사용되는 물품으로 인체에 대한 작용이 경미한 것을 말한다.

2 화장품의 특성

화장품의 4대 요건	특징
안전성	피부 자극, 알레르기, 독성, 이물질 등이 없어야 함
안정성	내용물 변질, 변색, 변취, 미생물 오염 등이 없어야 함
사용성	사용감이 좋아야 하고 피부에 잘 스며들어야 함
유효성	보습효과, 미백효과, 자외선 차단, 세정효과 등의 효과가 있어야 함

3 화장품의 분류

1) 대상 부위와 그 사용목적에 따라

영·유아, 목욕용, 세정용, 눈 화장용, 방향용, 두발 세정용, 두발 염색용, 색조화장용, 손·발톱용, 면도용, 기초화장용, 체취 방지용, 제모용 등의 유형으로 분류

2) 화장품의 분류는 다양한 형태로 가능하며 일반 화장품과 기능성 화장품으로 구분

사용부위		사용목적	제품 종류
피부	기초화장품	세정, 청결	비누, 아이 메이크업 리무버, 클렌징(폼, 크림, 오일 등)
		피부정돈, 보호	화장수, 크림, 팩, 에센스 등
	색조화장품 (메이크업제품)	피부색 표현	파우더, 파운데이션, 메이크업베이스
		피부결점 보완	아이라이너, 마스카라, 아이섀도, 블러셔, 립스틱 등
	바디용화장품	세정	바디클렌저, 샤워젤, 바디스크럽 등
		신체보호, 보습	바디로션, 오일, 크림, 핸드크림
		체취억제	데오드란트, 방취 스프레이
두발	모발용화장품	세정	샴푸
		트리트먼트	린스, 트리트먼트
		정발(정리)	헤어젤, 스프레이, 헤어 왁스, 포마드 등
		염색, 탈색	염모제, 헤어브리치, 컬러 스프레이 등
		퍼머넌트 웨이브	퍼머넌트 웨이브(1제, 2제)
		탈모예방, 제모	탈모제, 제모제(왁싱 젤, 왁싱크림 등)
	두피용화장품	육모, 양모	육모제, 양모제, 헤어토닉 등
		트리트먼트	스컬프 트리트먼트, 두피 팩 등
손발톱	네일용화장품	케어, 아트	네일 리무버, 네일 폴리시, 네일 영양제 등
방향	방향용화장품	향취	향수, 오데코롱 등

PART V. 화장품학

화장품의 종류와 기능

1 기초 화장품

피부관리의 기본 단계로 피부 표면의 먼지, 메이크업 잔여물, 피지, 땀 및 노폐물을 제거하는 것이다. 일반적으로, 색조 메이크업을 깨끗이 제거하는 것을 의미한다.

1) 클렌징

(1) 피부 청결과 유지 및 보습, 잔주름 여드름 방지 등의 효과

(2) 메이크업의 잔여물과 피지 및 노폐물 제거(각질)

(3) 피부의 신진대사를 촉진하고 생리적 기능의 정상화 촉진(보호, 보습효과)

(4) 좋은 클렌징의 조건
  ① 피부 표면의 잔여물과 노폐물이 깨끗하게 제거되어야 한다.
  ② 피부의 피지막을 파괴해서는 안 된다.
  ③ 피부유형과 메이크업 상태에 적합한 제품을 선택해야 한다.
  ④ 유분이 잘 녹고 피부에 자극 없이 물에 잘 씻겨야 한다.

(5) 종류

타입	종류	특징
씻어내는 타입	클렌징 폼	• 피부자극이 적어 민감한 피부나 약한 피부 사용 • 세안 후 당기거나 건조해지는 것을 방지
	페이셜 스크럽	• 알갱이가 함유된 제품 • 모공 속의 노폐물 제거에 용이
녹여내는 타입	클렌징 로션	• 크림 타입에 비해 사용감이 가볍고 산뜻
	클렌징 크림	• 강한 메이크업 제거에 사용
	클렌징 젤	• 유성성분은 짙은 화장 제거 • 수성성분은 옅은 화장 제거 시 사용
	클렌징 워터	• 세정력이 낮으므로 피부의 먼지 제거 • 약한 메이크업 제거 시 사용

2) 딥클렌징

(1) 클렌징으로 제거되지 않은 피부 각질층의 죽은 세포와 모공 속 노폐물을 제거하는 것
(2) 주기적인 딥클렌징은 정상적인 각질층을 유지 시켜 건강하고 아름다운 피부를 가질 수 있게 만들어준다.
(3) 종류

물리적	스크럽	• 얼굴에 도포한 후 문질러 각질을 제거하는 방법 • 자연재료(곡류, 살구씨, 조개껍질가루, 흑설탕 등) • 인공재료(폴리에틸렌류 미세알갱이 등)
	고마쥐	• 도포 후 적당히 마른 상태에서 근육의 결 방향으로 밀어내어 각질을 제거
생화학적	효소	• 단백질을 분해하는 효소가 함유되어 각질과 노폐물을 분해시켜 제거하는 방법
화학적	AHA	• 화학 성분을 이용한 각질 제거 방법 • 과일에서 추출한 천연유기산 - 글리콜릭산(사탕수수), 주석산(포도), 사과산(사과), 구연산(감귤류), 젖산(발효유)

3) 화장수

(1) 세안 후 남은 노폐물과 잔여물을 닦아내어 피부를 청결하게 한다.
(2) 세안 후 pH 상승으로 인한 알칼리성 피부를 약산성으로 조절한다.
(3) 피부 각질층에 수분을 공급한다.

종류	특징	적용피부
유연화장수	• 보습성분과 유연성분을 많이 함유하고 있다. • 각질층에 수분을 공급하여 촉촉하고 부드럽게 한다.	건성/노화피부
수렴화장수	• 모공 수축하고 피부결을 정리하고 청량감을 준다.	지성/복합성피부
소염화장수	• 살균 소독 작용하여 피부를 청결하게 한다. • 모공수축	여드름피부/염증피부

4) 에멀전(로션)

(1) 유, 수분 공급과 유분막을 형성하여 피부를 보호한다.
(2) 발림성이 좋으며 피부에 빠르게 흡수되고 사용감이 산뜻함
(3) 두 가지 또는 그 이상의 액상 물질이 서로 균일하게 혼합되어 있는 상태

5) 에센스

피부에 유효한 성분을 농축해서 만든 것으로 피부를 보호하고 탄력과 영양을 증진시킨다.

6) 팩과 마스크

(1) 피부보호막 형성과 보습과 영양 공급

(2) 종류 : 티슈 오프타입, 워시 오프타입, 분말타입, 시트타입, 마스크 등

2 메이크업 화장품

피부색 정돈, 색채감 부여, 결점 보완, 미적 효과, 자신감

종류	특징
베이스 메이크업	• 색소 침착 방지, 피부 결점을 커버와 밀착력 • 메이크업 베이스, 파운데이션, 파우더
포인트 메이크업	• 피부에 혈색을 주어 건강해 보이고 입체감 부여, 결점을 보완 • 립스틱, 블러셔, 아이라이너, 마스카라, 아이섀도 등

3 모발화장품

두피 각질·보습·진정 관리 및 모발 보습

1) 세정제(샴푸) : 두피의 노폐물 제거를 위해 사용

2) 정발제 : 영양공급, 정리 및 스타일링(무스, 스프레이, 젤, 오일, 포마드) 등

3) 트리트먼트 제품

(1) 린스 : 정전기 방지, 모발 표면 보호, 광택

(2) 트리트먼트: 유·수분을 공급해 주는 컨디셔닝 성분 – 손상 예방 및 회복

4) 육모제(헤어토닉)

(1) 살균력으로 모발과 두피를 청결하게 하고 마사지 시 혈액순환 증가시킴

(2) 비듬, 가려움을 제거 시키고 모근 강화와 탈모 방지

4 바디 관리 화장품

1) 적용부위 : 얼굴과 모발 외의 인체 부위에 사용하는 화장품

2) 효능 : 전신의 노폐물과 각질을 제거, 세균증식 억제

3) 종류

세정용(바디샴푸, 샤워젤), 각질제거제(바디스크럽), 트리트먼트 제품(바디로션, 오일), 슬리밍 제품(지방분해, 노폐물배출, 슬리밍크림), 체취 방지제(데오도란트), 자외선 태닝 제품(선탠오일)

5 방향용 화장품

1) 구비 조건

(1) 향의 특징이 있어야 하며 확산성이 있어야 한다.
(2) 일정 시간 동안 지속성이 있어야 한다.
(3) 향의 조화가 잘 이루어져야 하며 시대성에 부합하는 향이어야 한다.

2) 농도에 따른 분류

구분	퍼퓸	오데퍼퓸	오데토일렛	오데코롱	샤워코롱
함유량	15~30%	9~12%	6~8%	3~5%	1~3%
지속성	약 6~7시간	약 5~6시간	약 3~5시간	약 1~2시간	약 1시간

3) 향수의 부향률 : 높을수록 향이 강하고 오래 지속

퍼퓸 > 오데퍼퓸 > 오데토일렛 > 오데코롱 > 샤워코롱

4) 발향에 따른 분류

탑 노트	첫 느낌, 휘발성이 강하고 지속력이 떨어짐	시트러스, 그린
미들노트	알코올이 날아간 후의 향(꽃향, 과일향)	플로럴, 프루티
베이스노트	시간이 지난 후 체취와 혼합되어 나는 향(휘발성이 낮아 향이 오래 지속 됨)	잔향, 머스크, 우디

6 기능성 화장품

단순히 기능이나 미용 효과를 강조하는 기존 화장품과는 다르게 피부를 건강하게 유지시키며 노화를 지연 방지하고 개선할 목적으로 사용되는 화장품

- 피부와 모발 두 가지로 종류 구분
- 피부를 건강하게 유지시켜 피부미백, 피부보호, 주름개선의 목적

1) 피부와 모발 기능성 화장품

피부	모발
• 미백 • 주름개선 • 자외선 보호 및 태닝기능 • 여드름 완화(인체 세정용 제품류로 한정) • 아토피 완화(피부장벽의 기능회복과 가려움 등의 개선에 도움 주는 제품) • 튼살로 인한 붉은 선을 엷게 하는데 도움 주는 제품	• 염모제 • 탈염, 탈색제(일시적으로 모발의 색상을 변화시키는 제품은 제외) • 탈모증상 완화에 도움(코팅 등 물리적으로 모발을 굵게 보이게 하는 제품은 제외) • 제모제(체모제거를 목적으로 하되 물리적으로 제거하는 제품은 제외)

2) 기능 향상을 목적으로 하는 화장품

종류	특징
피부 미백제	• 기미, 주근깨 등의 잡티를 억제 시키는 기능 • 성분 : 코직산, 감초, 닥나무 추출물, 비타민E, 베타카로틴 등
피부주름 개선제	• 피부에 탄력을 주어 주름을 완화 또는 개선하는 기능을 가진 화장품 • 성분: 레티놀, 항산화제, 아데노신, 베타카로틴 등
피부 태닝	• 멜라닌 색소의 양을 증가시켜 피부색을 갈색으로 태우는 것 • 성분 : DHA(피부 태닝 화장품), 태닝오일, 태닝크림, 태닝 스프레이 등

자외선 차단제	• 자외선으로부터 피부를 보호하는 데에 도움을 주는 제품
	• 성분 : 이산화티탄, 징크옥사이드 등
	  - SPF : 자외선 B를 차단하는 방어효과를 나타내는 지수
	$$SPF = \frac{자외선차단제품을바른피부의최소홍반량}{자외선차단제품을바르지않은피부의최소홍반량}$$
	  - PA : 자외선 A를 차단하는 정도를 등급으로 나타낸 것

종류	특징
여드름	• 원리 : 피지 억제 작용, 피지분비 정상화와 각질 유화, 피지배출 촉진 • 원료 : 알파 - 히드록시산(AHA), 벤조일퍼옥사이드, 아줄렌, 글리콜산, 유황, 살리실산, 티트리, 레틴산 등

모발	• 모발의 색상 변화·제거 또는 영양공급에 도움을 주는 제품
	• 모발의 색상을 변화시키는 기능을 가진 화장품
	  - 1제(알칼리 성분 및 염료) + 2제(과산화수소)
	• 체모를 제거하는 기능을 가진 화장품 : 치오글리콜산
	• 탈모 증상의 완화에 도움을 주는 화장품
	  - 덱스판테놀, 비오틴, 징크피리치온
	• 피부나 모발의 기능 약화로 인한 건조함, 갈라짐, 빠짐, 각질화 등을 방지하거나 개선하는 데에 도움을 주는 제품

7 에센셜(아로마) 오일 및 캐리어 오일

1) 에센셜 오일

(1) 식물의 뿌리, 잎, 꽃, 열매, 껍질 등에서 추출한 오일

(2) 효능 : 정서 불안, 수면 장애, 피부 미용, 화상, 면역강화, 여드름, 혈액순환 족진 등 다양한 효능 면역력을 향상

(3) 에센셜(아로마) 오일 사용 방법

분류	사용방법
입욕법	전신용, 반신용, 족욕 등 물에 희석하여 몸을 담금
흡입법	손수건이나 티슈에 1~2 방울 뿌려 호흡
확산법	아로마 램프, 스프레이 등을 이용
습포법	물에 오일을 희석하여 온·냉 습포를 준비하고 피부에 적용

(4) 오일의 종류 및 효능

종류	특징
라벤더	화상, 여드름, 상처, 스트레스, 불면증 완화
재스민	피지조절, 분만촉진, 긴장 완화(건조하고 민감한 피부)

종류	특징
티트리	피부정화, 살균, 소독, 항바이러스, 여드름
레몬	여드름, 살균, 모공수축, 체지방 감소, 미백
오렌지	콜라겐 생성, 노폐물 제거, 건성 피부, 노화 피부
제라늄	호르몬 조절, 항균 작용
베르가못	근육이완, 모공 수축, 피지제거
일랑일랑	피부 수분 밸런스
페퍼민트	거담, 두통, 탈모예방, 통증완화, 해열
로즈메리	피부 청결, 근육이완, 피부진정, 두피 개선, 항균
시더우드	지성피부, 여드름 피부, 살균작용, 수렴작용
카모마일	살균, 소독, 진정, 소염작용, 민감성 피부, 홍조
유칼립투스	소염, 살균, 방부, 근육통, 피부 호흡 작용, 예민 피부 알레르기 유발

(5) 사용 시 주의 사항

① 부작용이 생길 수 있다(고농축 유효 성분으로 흡수율이 높음).

② 캐리어 오일 1~3%의 농도를 희석하여 사용

③ 임산부, 간질, 고혈압 등의 질환 있는 사람에게는 주의하여 사용

④ 패치테스트를 실시

2) 캐리어 오일

(1) 에센셜 오일과 희석하여 사용하는 식물성 오일로 에센셜 오일의 자극을 감소시키고, 피부흡수를 높이는 작용

(2) 식물의 씨앗에서 추출한 추출물이며 베이스오일이라고도 부른다.

(3) 종류

종류	특징
호호바 오일	• 화학구조가 피지와 유사하여 피부 친화적이며 안정성 우수 • 모든 피부에 사용, 쉽게 산화되지 않고 보관이 용이함
아몬드 오일	• 비타민 A, E함유, 피부탄력과 보습에 효과 • 건조피부, 민감한 피부 개선 효과

종류	특징
살구씨 오일	• 미네랄, 비타민 함유가 높아 피부 흡수력과 피부 유연에 도움 • 노화, 건조, 민감 피부 염증에 효과
달맞이꽃 종자유	• 감마 리놀렌산, 피부 재생, 호르몬 조절(생리통, 갱년기) • 건성, 아토피에 효과, 빛·열에 약해 보관에 주의
아보카도 오일	• 피부 재생 및 피부 침투력이 좋은 영양공급 • 건성피부, 노화피부에 효과

(4) 캐리어 오일(베이스 오일) 보관 및 주의 사항

① 캐리어 오일은 산화가 쉽게 되므로 서늘한 곳에 보관

② 블랜딩 한 오일은 갈색 병에 담아 냉장 보관하여 사용

③ 에센셜 오일과 캐리어 오일을 블랜딩 한 경우 6개월 이내에 사용

PART V. 화장품학

화장품제조

1 화장품의 원리

1) 계면활성제의 기능

(1) 계면활성제는 친수성과 친유성을 이용하여 서로 다른 계면의 경계를 완화시키는 작용을 한다(표면장력을 파괴하거나 또는 완화시켜 표면이 서로 다른 물질끼리 잘 침투되도록 하는 기능).
(2) 계면활성제는 액체, 기체 또는 고체끼리 서로 접촉되는 경계면을 의미한다.

2 화장품의 원료

1) 수성원료

물 (정제수)	• 화장품 원료 중 가장 큰 비율 • 화장수, 로션, 크림의 기초 물질로 수분공급 기능으로 피부의 보습 작용 • 세균과 금속이온이 제거된 물
에탄올	• 친유성과 친수성을 동시에 가진다. • 휘발성이 있어 피부에 청량감과 수렴효과를 부여 함 • 배합량이 높아지면 살균 소독 작용 • 일반적 알코올의 사용은 10%(함유량이 많을 시 피부 자극 유발) • 화장수, 아스트린젠트, 향수, 육모제 등 사용

2) 유성원료

(1) 피부에 유연성 부여
(2) 피부보호, 수분증발 저지(표면에 친유성 막을 형성)
(3) 천연오일 : 천연 식물에서 추출
(4) 합성오일 : 화학적으로 합성한 오일로 식물성, 광물성에 비해 쉽게 변질되지 않고 사용감이 우수함(실리콘오일, 아이소프필, 미리스틴산, 지방산 등)

분류			설명
유성원료	오일 (액상)	식물성오일	• 식물의 씨나 열매에서 추출 • 피부 자극이 없으나 부패가 쉽다. • 흡수 속도가 낮음 - 올리브유, 아보카도오일, 동백유, 로즈힙 오일 등
		동물성오일	• 동물 피하조직이나 장기에서 추출 • 향이 좋지 않아 정제한 것을 사용 • 피부 친화력이 좋고 흡수가 빠름 - 밍크오일, 난황오일, 스쿠알렌 등
		광물성오일	• 석유 등 광물질에서 추출 • 무색투명하며 냄새가 없음 • 불순물 함유나 고분자로 사용 시 모공을 막아 트러블 발생 - 미네랄오일, 실리콘오일, 바셀린 등

	왁스(고체)		• 오일보다 안정성 높음
			• 사용 시 광택과 발림성을 높다.
			• 화장품의 굳기를 조절하며 광택을 부여 함(립스틱, 크림, 파운데이션에 사용)
			  - 식물성 왁스 : 호호바유, 밀납, 칸델리라, 카나우바 등
			  - 동물성 왁스 : 라놀린, 밀납, 고래유, 향유 등

	고급알콜		세틸알코올, 스테아릴알코올
	고급지방산		스테아르산, 라우르산
보습제			• 보습능력이 우수하고 휘발성이 없어야 함 • 피부건조 완화, 미백, 노화 예방에도 효과 - 글리세린, 히알루로닉애씨드, 솔비톨, 세라마이드 유도체, 천연보습인자(아미노산, 요소, 젖산염) 등
점증제			• 제품의 안정성과 점도 유지를 위해 사용 (잔탄검, 구아검, 젤라틴, 알긴산염, 폴리비닐알코올) 등
색소	염료		• 물, 기름, 알코올에 녹는 유색물질 • 기초화장품, 립 제품에 사용

	안료	무기안료	• 물이나 오일에 녹지 않음(메이크업 제품에 사용)
			• 빛, 산, 알칼리에 강하고 내광성, 내열성이 좋으며, 커버력이 우수함
			  - 체질안료(무채색안료로 광택, 흡수성이 좋아 페이스 파우더와 파운데이션에 사용, 탈크, 탄산칼슘, 탄산마그네슘)
			  - 착색안료(투명한 색채감, 색채명암조절, 산화철류, 산화크롬), 백색안료(흰색, 피부커버, 산화아연, 이산화티탄)

	유기안료		• 물이나 오일에 녹지 않는 레이크 색소 • 페인트, 식용색소, 화장품 등에 사용

보존제			• 미생물에 의한 변질을 막기 위해 사용 • 벤조산, 파라벤, 페녹시 에탄올
향료			• 향이 나는 성분 　– 천연향료(식물성(라벤더, 자스민)/동물성(사향, 용연향)), 합성향료(벤질아세테이트 등), 조합향료
기능성원료			• 미백, 주름개선, 탄력 등의 특정 기능을 하는 성분 • 트러블 없이 효능을 낼 수 있는 적정량을 식품의약품안전처에서 고시
계면활성제 (친수기와 친유기를 동시에 갖는 물질)	이온성	양이온	• 살균과 소독력이 좋아 살균제로 사용 • 모발과 섬유 흡착성이 커서 유연제와 대전방지제에 사용 • 피부자극이 크다.
		음이온	세정력과 기포 형성이 우수하여 주로 클렌징 제품으로 사용
		양쪽성	• 한 분자 내 양이온과 음이온을 동시에 가짐 • 피부 안전성, 세정력, 살균력, 유연효과 • 어린이 제품과 샴푸에 사용
	비이온성		• 저자극, 안전성이 높음, 대부분 화장품에서 사용 　(가용화제, 유화제, 세정제 분산제로 이용)
	천연		레시틴, 콜레스테롤, 사포닌

3 화장품의 기술

분류	특징
가용화	• 물과 오일 성분이 계면활성제에 의해 투명하게 용해된 상태 　(화장수, 향수, 에센스, 헤어리퀴드, 헤어토닉, 네일 에나멜) 등
유화	• 물에 오일 성분이 계면활성제에 의해 우윳빛으로 섞인 상태 • O/W 에멀전 : 물에 오일이 분산되어 있는 형태(로션, 크림 등) • W/O 에멀전 : 오일에 물이 분산되어 있는 형태(선크림, BB크림 등) • 다상 에멀전 : W/O/W, O/W/O(보습크림, 영양크림 등)
분산	• 액체(물/오일)에 고체미립자 계면활성제에 의해 혼합된 상태 　(파운데이션, 마스카라, 아이라이너, 아이섀도, 립스틱) 등

VI

공중보건학

CHAPTER 01 공중보건학 총론 106

CHAPTER 02 소독학 123

CHAPTER 03 공중위생관리법 129

PART VI. 공중보건학

CHAPTER 01 공중보건학 총론

1 공중보건학의 개념

1) 공중보건학의 정의(윈슬로우의 정의)

(1) 공중보건학이란 조직화된 지역사회의 노력을 통해 질병을 예방하고 수명을 연장하면 정신적·신체적 효율을 증진시키는 기술이며 과학이다.
(2) 대상 : 지역사회 (국민 또는 전체 주민)
(3) 공중보건학의 목적
　① 수명 연장
　② 질병 예방
　③ 정신적·신체적 건강 증진

2) 공중보건학의 개념

공중보건학의 정의	질병 예방, 생명 연장, 건강증진, 집단 또는 지역사회 대상
공중보건의 3대 요소	수명 연장, 건강과 능률의 향상, 감염병 예방
국가, 지역 간의 보건 수준 평가 3대 지표	영아사망률, 비례 사망지수, 평균수명
세계보건기구(WHO)에서 규정하는 건강지표	평균수명, 조사망률, 비례 사망지수

3) 세계보건기구(WHO)의 건강의 정의

건강이란, 단순히 질병이 없고 허약하지 않은 상태를 의미하는 것이 아니라 정신적, 신체적, 건강과 사회적 안녕이 완전한 상태를 의미한다.
※ 사회적 안녕 : 몸과 마음이 모두 건강한 상태

4) 보건지표

(1) 사망통계

① 영아사망률

가. 한 지역이나 국가의 대표적인 보건 수준 평가 기준의 지표

나. 생후 1년 안에 사망한 영아의 사망률

다. 영아사망률 = $\dfrac{\text{그 해의 1세 미만 사망아 수}}{\text{그 해의 연간 출생아 수}} \times 1{,}000$

② 평균수명: 생후 28일 미만의 유아 사망률

③ 조사망률: 인구 1,000명당 1년간의 전체 사망자 수

④ 비례사망지수

한 국가의 건강 수준을 나타내는 지표로 1년간 총 사망자 수에 대한 50세 이상의 사망자수를 퍼센트로 표시한 지수

2 질병 관리

1) 역학

(1) 역학이란, 인간 집단 내에서 일어나는 유행병의 원인을 규명하는 학문
(2) 질병의 발생 원인을 규명
(3) 질병 발생과 유행 감시
(4) 질병의 예방대책 모색

2) 질병 발생 3대 요인

(1) 병인 : 질병의 원인
(2) 숙주 : 감염체 (예 인간)
(3) 환경 : 병원체가 전파될 수 있는 모든 환경

3) 감염병 생성 과정 요소

병원체(미생물, 감염성 인자) → 병원소(저장소) → 병원소로부터 병원체 탈출(탈출구) → 병원체의 전파(전파 방법) → 신숙주로 침입(침입구) → 숙주의 감수성(감염)

4) 병원체 : 숙주에 기생하면서 질병을 일으키는 미생물

세균(박테리아)	폐렴, 콜레라, 결핵, 한센병(나병), 이질, 파상풍, 장티푸스, 디프테리아, 매독, 임질 등
바이러스	후천성면역결핍증후군(AIDS), 인플루엔자, 광견병, 홍역, 간염, 일본뇌염, 폴리오, 풍진 등
리케차	양충병(쯔쯔가무시병), 발진열, 록키산홍반열, 발진티푸스 등
진균(곰팡이)	무좀, 칸디다증 등
기생충	선충류, 원충류, 흡충류, 조충류 등

5) 병원소

(1) 정의 : 병원체가 증식하면서 생존을 계속하여 다른 숙주를 전파시킬 수 있는 형태로 저장되는 일종의 전염원

(2) 종류

① 인간 병원소 : 환자, 보균자 등

건강 보균자
(불현성 보균자)
	• 증상이 없으면서 균을 보유하고 있는 보균자
	• 감염병 관리상 어려운 이유
	  – 색출이 어려움
	  – 활동 영역이 넓음
	  – 격리가 어려움

잠복기 보균자 (발병 전 보균자)	• 전염성 질환의 잠복기간에 병원체를 배출하는 자 • 호흡기계 감염병
발병 후 보균자 (만성회복기 보균자)	• 소화기계 감염병 • 전염성 질환에 걸린 후 그 임상 증상이 소실된 후에도 병원체를 배출하는 자

② 토양 병원소 : 오염된 토양, 파상풍 등

③ 동물 병원소 : 말, 돼지, 개, 소 등

6) 병원소로부터 병원체의 탈출 경로

호흡기계	기침, 가래 등
소화기계	분변, 구토물 등
비뇨기계	소변, 정액, 질 분비물 등
경피 탈출	상처, 농양 등
기계적 탈출	주삿바늘, 모기, 이, 벼룩 등

7) 병원체 전파

(1) 직접 전파

   ① 호흡기계, 혈액, 성 매개

(2) 간접 전파(절지동물 매개)

   ① 이 : 발진티푸스, 재귀열

   ② 바퀴 : 장티푸스, 이질, 콜레라

   ③ 모기 : 일본뇌염, 말라리아, 사상충, 뎅기열

   ④ 진드기 : 쯔쯔가무시병, 유행성 출혈열, 발진열, 재귀열

   ⑤ 파리 : 이질, 장티푸스, 결핵, 파라티푸스, 디프테리아, 콜레라

   ⑥ 벼룩 : 발진열, 페스트

(3) 무생물 전파

   ① 비말(침) 감염 : 눈, 호흡기 전파

   ② 수인성 감염

      가. 인수공통(사람·동물)의 분변

      나. 단시간 내에 폭발적으로 일어남

      다. 치명률이 낮음

   ③ 토양 감염 : 상처에 오염된 토양이 닿으면 감염

   ④ 개달물 감염 : 의류, 수건, 책 등의 개달물 감염

8) 숙주로 침입

호흡 기계(기침, 재채기), 소화기계(구강), 비뇨기계(성기), 경피감염(피부), 기계적 감염(주삿바늘)

9) 면역 및 주요 감염병의 접종 시기

(1) 면역

선천적 면역		인종 면역, 종속 면역, 개인 면역	
후천적 면역	능동면역	자연 능동면역	병에 걸린 후 형성되는 면역
		인공 능동면역	접종을 통해 형성되는 면역
	수동면역	자연 수동면역	모체로부터 수유나 태반을 통해 형성되는 면역
		인공 수동면역	항독소 등 인공제를 접종하여 형성되는 면역

(2) 능동면역

자연 능동면역	영구 면역 (질환 이후 면역)	홍역, 백일해, 장티푸스, 발진티푸스, 콜레라, 페스트
	일시 면역 (질환이후 약한 면역)	폐렴, 인플루엔자, 디프테리아, 세균성 이질
인공 능동면역	생균백신	홍역, 결핵, 폴리오(경구)
	사균백신	장티푸스, 백일해, 콜레라, 폴리오(경피)
	순화독소	파상풍, 디프테리아

(3) 예방접종 시기

접종 시기	초기 접종	B형 간염	양성 : 0, 1, 6개월 차에 3회 접종
			음성 : 0, 1, 2개월 또는 0, 1, 6개월 3회
	1개월(4주) 이내		BCG(결핵)
	2, 4, 6개월		폴리오, DPT(디프테리아, 백일해, 파상풍)
	12~15개월		MMR(유행성 이하선염, 홍역 풍진)

10) 법정 감염병

제1군 감염병	마버그열, 라씨열, 크리미아콩고출혈열, 신종감염병 증후군, 남아메리카 출혈열, 리프트밸리열, 에볼라 바이러스 병, 두창, 탄저, 야토병, 페스트, 중증급성호흡기증후군(SARS), 동물인플루엔자 인체감염증, 보툴리눔독소증, 중동호흡기증후군(MERS), 신종인플루엔자, 디프테리아	즉시 신고 음압 격리 (높은 수준의 격리) 생물테러 감염병, 치명률이 높거나 집단감염 위험이 높음
제2군 감염병	결핵, 수두, 홍역, 콜레라, 장티푸스, 파라티푸스, 세균성 이질, 장출혈성대장균감염증, A형간염, 백일해, 유행성 이하선염, 풍진, 소아마비, 수막구균감염증, B형 헤모필루스 인플루엔자, 폐렴구균 감염증, 한센병, 성홍열, 반코마이신내성황색포도알균(VRSA)감염증, 카바페넴내성장내세균속균종(CRE)감염증, E형 간염, 코로나 바이러스 감염증-19, 원숭이 두창	전파 가능성을 고려하여 24시간 이내 신고 격리 필요
제3군 감염병	파상풍, B형 간염, 후천성면역결핍증(AIDS), 일본뇌염, C형간염, 말라리아, 레지오넬라증, 비브리오패혈증, 발진티푸스, 발진열, 쯔쯔가무시병증, 브루셀라증, 공수병, 신증후군출혈열, 렙토스피라증, 크로이츠펠트-야콥병(vCJD), 황열, 뎅기열, 큐열, 웨스트 나일열, 라임병, 진드기매개뇌염, 유비저, 치쿤구니야열, 중증열성혈소판감소증후군(SFTS), 지카바이러스 감염증	발생을 계속 감시할 필요가 있어 유행 또는 발생 시 24시간 이내 신고 지속적인 감시필요
제4군 감염병	매독, 회충증, 편충증, 간흡충증, 요충증, 폐흡충증, 장흡충증, 인플루엔자, 임질, 클라미디아감염증, 연성하감, 수족구병, 장관감염증, 성기단순포진, 첨규콘딜롬, 반코마이신 내성 장 구균(VRE)감염증, 해외유입기생충감염증, 메티실린내성황색포도알균(MRSA)감염증, 다제내성녹농균(MRPA)감염증, 다제내성아시네토박터바우마니균(MRAB) 감염증, 급성 호흡기감염증, 엔테로바이러스감염증, 사람유두종바이러스감염증	1~3급 감염병 외에 유행 여부 조사를 위한 표본 감시활동 필요

11) 기타 보건복지부 장관 고시 감염증

세계 보건기구 감시대상 감염병(보건복지부 장관 고시)	두창, 폴리오, 신종 인플루엔자, 콜레라, 폐렴형 페스트, 중증급성호흡기 중후군(SARS), 황열, 바이러스성 출열혈, 웨스트나일열
인수공통 감염병	일본뇌염, 브루셀라증, 탄저, 공수병, 중증열성혈소판 감소증후군(SFTS), 동물인플루엔자 인체감염증, 중증급성호흡기 증후군(SARS), 장출혈성대장균감염증, 변종크로이츠펠트-야콥병(vCJD), 큐열, 결핵
성 매개 감염병	매독, 임질, 클라미디아, 연성하감, 성기단순포진, 첨규콘딜롬, 사람유두종 바이러스 감염증

12) 주요 감염병의 특징

분류	질병	특징
소화기계 감염병	장티푸스	• 전파 : 주로 파리에 의해 전파 • 증상 : 고열, 서맥, 림프절 식욕감퇴, 종창, 불쾌감, 피부발진, 변비 • 예방접종 : 인공능동면역 • 경구 침입 감염병
	콜레라	• 수인성 감염병으로 경구 전염 • 제2급 급성 법정 감염병 • 증상 : 발병이 빠르고 설사, 구토, 탈수 등
	폴리오	• 전파 : 분비물, 호흡기계, 분변 및 음식물 매개 감염 • 중추신경계 손상에 의한 영구마비
호흡기계 감염병	디프테리아	• 전파 : 인후분비물, 환자나 보균자의 콧물, 피부 상처 • 증상 : 심한 인후염을 일으키고 독소를 분비하여 신경염을 일으킬 수 있음
	백일해	• 전파 : 호흡기 분비물, 비말을 통한 호흡기 전파 • 증상 : 심한 기침
	신종 인플루엔자	• 증상 : 발열, 두통, 오한, 근육통, 피로감, 구토 • 전파 : 호흡기를 통해 감염
	결핵	• 전파 : 신체의 모든 부분에 침범 • 증상 : 객혈, 기침, 흉통 • 접종 : 출생 후 4주 이내 BCG 접종
	중증 급성호흡기 증후군(SARS)	• 전파 : 공기중에 떠다니는 미세한 입자에 의한 호흡기 감염 • 증상 : 발열, 두통, 근육통, 무력감, 기침, 호흡곤란
	조류독감	• 전파 : 조류 인플루엔자 바이러스에 감염된 조류와 접촉 • 증상 : 기침, 호흡곤란, 발열, 설사, 근육통, 오한, 인식저하
동물 매개 감염병	공수병(광견병)	• 개에게 물려 개의 타액 속에 있는 병원체에 의해 감염
	랩토스피라증	• 들쥐의 배설물을 통해 주로 감염
	탄저병	• 모피, 양모 공장에서 주로 감염(양, 소, 말)
절지동물 매개 감염병	발진티푸스	• 전파 : 이가 흡혈해 상처를 통해 침입 또는 먼지를 통해 호흡기계로 감염 • 증상 : 근육통, 발열, 발진, 전신 신경 증상 등
	말라리아	• 전파 : 모기를 매개로 전파 • 세계적으로 가장 많이 병에 걸리는 질병
	페스트	• 패혈증 페스트 : 림프절에 병변을 일으켜 패혈증과 림프절 페스트를 일으킴 • 폐 페스트 : 폐렴을 일으킴 • 전파 : 림프절 페스트 – 쥐벼룩 매개 폐 페스트 – 비말 감염 전파
	유행성 일본뇌염	• 우리나라에서 8~10월 주로 발생 • 전파 : 작은 빨간 집모기에 의해 전파
	쯔쯔가무시증	• 증상 : 오한, 발열, 복통, 두통 등 • 전파 : 감염된 들쥐의 털진드기에 의해 전파

3 기생충 질환 관리

1) 선충류 : 혈액·근육·소화기 등에 기생

회충	• 전파 : 오염된 경구 침입 → 위에서 부화하여 기관지, 폐포, 심장, 식도를 거쳐 소장에 정착 • 기생 부위 : 소장 • 증상 : 구토, 복통, 권태감, 발열, 미열 등 • 예방 : 파리의 구제, 철저한 분변 관리, 정기 검사와 구충
구충 (십이지장충)	• 전파 : 경피 감염 또는 경구 감염 • 기생 부위 : 공장(소장의 상부) • 증상 : 경구 감염일 경우 체독증, 폐로 이행된 경우 가래, 기침 등 • 예방 : 채소밭 작업 시 보호장비 착용, 인분의 위생적 관리
요충	• 전파 : 항문 주위에 산란, 자충포장란의 형태로 경구감염, 집단감염이 가장 잘 되는 기생충 • 증상 : 항문 주위에 소양감, 야뇨증, 설사, 구토, 복통 등 • 예방 : 가족이 같은 시기에 구충 실시하고 화장실 사용 후 손을 잘 씻어야함 • 어린 아이들이 집단으로 생활하는 공간에서 쉽게 감염
편충	• 전파 : 경구감염 • 기생 부위 : 대장

2) 흡충류 : 폐·간 등 기관에 흡착하여 기생

간흡충 (간디스토마)	• 기생 부위 : 간의 담도 • 제1 중간숙주 : 왜우렁이 • 제2 중간숙주 : 잉어, 참붕어, 황어, 중고기, 뱅어 등 • 증상 : 간비대, 간종대, 빈혈, 소화 장애, 황달 등 • 예방 : 민물고기 생식 자제
요꼬가와흡충	• 제1 중간숙주 : 다슬기 • 제2 중간숙주 : 숭어, 은어 등
폐흡충 (폐디스토마)	• 사람 등의 폐에 충낭을 만들어 기생 • 제1 중간숙주 : 다슬기 • 제2 중간숙주 : 게, 가재 • 증상 : 객혈, 기침, 흉통, 시력장애, 국소마비, 등 • 예방 : 가재와 게 생식 자제

3) 조충류 : 주로 숙주의 소화기관에 기생

무구조충	• 중간숙주 : 소 • 유충이 포함된 소고기를 생식하면서 감염 • 증상 : 설사, 복통, 장폐쇄, 소화 장애, 구토 등 • 예방 : 소고기 생식 자제
유구조충	• 중간숙주 : 돼지 • 인간의 창자에 기생 • 증상 : 설사, 구토, 식욕감퇴, 호산구 증가 등 • 예방 : 돼지고기 생식 자제
광절열두조충 (긴촌충)	• 기생 부위 : 개, 사람, 고양이 등의 장 • 제1 중간숙주 : 물벼룩 • 제2 중간숙주 : 연어, 송어 대구 등 • 증상 : 설사, 복통, 구토, 빈혈 등 • 예방 : 민물고기 및 바다 생선 생식 자제

4 보건일반

1) 인구 구성

	피라미드형	후진국형 (인구증가형)	• 출생률 증가, 사망률 감소 • 14세 이하 인구가 65세 이상 인구의 2배 이상인 형태
	종형	이상적인형 (인구정지형)	• 출생률과 사망률이 낮은 형 • 14세 이하 인구가 65세 이상 인구의 2배 정도인 형태
	항아리형	선진국형 (인구감퇴형)	• 출생률이 사망률보다 낮은 형 • 14세 이하 인구가 65세 이상인 인구의 2배 이하인 형태

	별형	도시형 (인구유입형)	• 생산 연령 인구 증가 • 생산 인구가 전체 인구의 50% 이상인 형태
	표주박형	농어촌형 (인구감소형)	• 생산 연령 인구 감소 • 생산 인구가 전체 인구의 50% 미만인 형태

2) 환경보건

(1) 기후

① 기후의 3대 요소 : 기습, 기온, 기류

② 4대 온열 인자 : 복사열, 기온, 기류, 기습

③ 인간이 활동하기 좋은 온도와 습도

    가. 온도 : 18℃ ± 2

    나. 습도 : 40~70%

(2) 공기와 건강

이산화탄소	• 실내공기 오염의 지표 • 지구온난화 현상의 주된 원인으로 공기 중 약 0.03% 차지
일산화탄소	• 물체의 연소 시 많이 발생하며 혈중 헤모글로빈의 친화성이 높아 중독 시 신경 이상증세를 나타냄 • 신경기능 장애 • 세포 내에서 산소와 헤모글로빈의 결합을 방해 • 세포 및 각 조직에서 산소 부족 현상을 유발 • 중독 증상 : 정신장애, 신경장애, 의식 소실
산소	• 저산소증 : 산소량이 10%면 호흡곤란 7% 이하면 질식사
질소	• 감압병, 잠수병(잠함병) : 체내에 축적된 질소가 완전히 배출되지 않고 혈관이나 몸속에 기포를 발생하게 하여 모세혈관의 혈전 현상을 일으키는 것
군집독	• 실내의 일정한 공간 안에 수용 범위를 초과한 많은 사람이 있는 경우 기온 상승, 이산화탄소 농도 증가, 연소 가스, 습도 증가 등으로 인해 두통, 현기증, 불쾌감, 구토 등의 생리적 현상을 일으키는 것

3) 가족보건

출산 계획	• 모자보건법 (산아제한)에 의하면 출산의 시기 및 간격을 조절 • 가족 내에서의 부부가 출산아 수와 그 출산 문제를 인위적, 계획적으로 조절
영·유아 보건을 위한 가족계획	• 신생아 및 영아의 건강상태, 유전인자, 모성 연령, 출산의 터울, 주거 환경요인
조출생률	• 인구 1,000명에 대한 연간 출생아 수 • 가족계획 사업의 효과 판정에 유력한 지표 • 조출생률 = $\dfrac{\text{연간 출생아 수}}{\text{그 해 인구 수}} \times 1,000$
노인보건	• 노인의 평균수명 연장으로 질병과 장애 발병률이 높아지고 있음

4) 모자보건

모자보건	• 모성 및 영·유아의 건강을 유지, 증진시키는 것 • 6세 미만의 영·유아 및 임산부를 대상
모자보건 지표	• 영아사망률, 주산기사망률, 모성사망률
영·유아보건	• 태아 및 신생아, 영·유아를 대상 • 초생아(출생 1주 이내) • 신생아(출생 4주 이내) • 영아(출생 1년 이내) • 유아(만 4세 이하) • 우리나라 영·유아 사망의 3대원인 : 폐렴, 장티푸스, 위병
임산부의 주요질병과 이상	• 유산(임신 28주의 분만) • 조산(임신 28~38주 분만) • 사산(죽은 태아의 분만) • 조산아(2.5kg 이하(미숙아))

5) 대기 환경

(1) 대기오염

질소(N_2)	• 공기 중의 약 78% 차지 • 비독성 가스 • 고기압 환경이나 감압 시에는 모세혈관에 혈전이 나타남(감압병)
산소(O_2)	• 공기 중의 약 21% 차지 • 산소 농도가 10% 이하일 경우 호흡곤란 증상, 7% 이하일 경우 질식
이산화탄소(CO_2)	• 공기 중의 약 0.03% 차지, 실내 공기오염의 지표 • 지구 온난화 현상의 원인이 되는 대표 가스 • 무색, 무취, 비도성 가스 기체 • 실내 이산화탄소의 최대 허용량(상한량) : 0.1%(1000PPm) • 실내 이산화탄소 증가 시 온도와 습도가 증가하여 군집독 발생
일산화탄소(CO)	• 탄소의 불완전 연소로 생성되는 무색, 무취의 기체 • 산소와 헤모글로빈의 결합을 방해하여 세포와 신체 조직에서 산소 부족 현상 • 호흡기로 흡입되어 체내에 침범하면 두통, 현기증, 중추신경계 손상, 질식 현상
이산화황(SO_2)	• 이황산가스, 이산화황, 이산화유황이라고도 함 • 황과 산소의 화합물로서 황이 연소할 때 발생하는 무색의 기체 • 최대 허용량(상한량) : 0.05ppm • 대기오염의 지표 • 도시 공해요인으로 자동차 배기가스, 중유 연소, 공장 매연 다량 배출
염화불화탄소(CFC)	• 프레온 가스라고 하며 오존층 파괴의 대표 가스 • 냉장고나 에어컨 등의 냉매, 스프레이의 분사제에서 발생 • 오존이 존재하는 성층권까지 도달하면 오존층 파괴
오존(O_3)	• 2차 오염 물질로 광화학 옥시던트를 발생 • 성층권에 있는 오존층이 자외선 대부분을 흡수 • 가슴 통증, 기침, 메스꺼움, 기관지염, 심장질환, 폐렴 증세를 일으킴

※ 실내 공기오염의 지표 : 이산화탄소(CO_2)
　대기오염의 지표: 이산화황(SO_2)
　오존층 파괴의 대표 가스 : 염화불화탄소(CFC)

6) 수질 환경

(1) 수질 오염지표

용존산소	• 물속에 녹아있는 유리 산소량 • 물의 온도가 낮을수록, 압력이 높을수록 많이 존재
생화학적 산소요구량	• 하수 중의 유기물이 호기성 세균에 의해 산화될 때 소비되는 산소량 • 하수 및 공공 수역 수질오염의 지표로 사용
화학적 산소요구량	• 물속의 유기물을 산화시킬 때 화학적으로 소모되는 산소의 양을 측정하는 방법 • 공장 폐수의 오염도를 측정하는 지표로 사용

※ 음용수의 일반적인 오염지표 : 대장균 수

(2) 수질오염에 따른 건강 장애

병명	중독물질	증상
미나마타병	수은	언어장애, 청력 장애, 시야협착, 사지 마비
이타이이타이병	카드뮴	골연화증, 신장 기능장애, 보행 장애 등

(3) 상수 처리 과정

취수 → 도수 → 정수 (침사 → 침전 → 여과 → 소독) → 송수 → 배수 → 급수

① 취수 : 수원지에서 물을 끌어오는 과정

② 도수 : 취수한 물을 정수장까지 끌어오는 과정

③ 침사 : 모래를 가라앉히는 과정

7) 주거 환경

(1) 자연조명

① 창의 방향 : 남향

② 창의 넓이 : 방바닥 면적의 1/7~1/5

③ 거실 안쪽 길이 : 바닥에서 창틀 윗부분의 1.5배 이하

8) 인공 조명

(1) 직접 조명 : 조명 효율이 크고 경제적이지만 불쾌감을 줌

(2) 간접 조명 : 눈의 보호를 위해 가장 좋은 조명 방법

(3) 반 간접 조명 : 광선의 1/2 이상을 간접 광에 나머지 광선을 직접 광을 사용하는 방법

(4) 적정 조명

초정밀작업	정밀작업	보통작업	기타작업
750 Lux	300 Lux 이상	150 Lux 이상	75 Lux 이상

※ 미용실의 경우 75 Lux 이상이 적정 조명이다

9) 산업 환경

(1) 산업 종사자와 질병

종사자	질병	원인
해녀, 잠수부	잠압병, 잠수병, 감압증	고압 환경
항공 정비사	난청	소음
파일럿, 승무원	고산병	저압환경
광부(탄광)	진폐증	분진의 독성
석공(암석, 채석, 연마자)	규폐증	규산 분진
인쇄공	납중독	납 분진

5 식품위생과 영양

식품 변질	변질	품질이 변화함으로써 영양소가 파괴되고 맛과 향이 손실되어 식용이 안 되는 현상
	산패	지방류의 유기물이 공기 속에서 산화되어 악취가 발생하는 현상
	부패	혐기성균 속 번식에 의한 단백질 분해가 일어나고 식용에 부적합해지는 현상
	변패	지방이나 탄수화물이 변질되는 현상
	발효	탄수화물이나 단백질이 미생물에 의해 분해되어 더 좋은 상태로 발현
식품 보존방법	물리적	건조법, 냉동법, 냉장법, 가열법, 밀봉법, 통조림법, 자외선 및 방사선 조사법 등
	화학적	절임법, 보존료 첨가법, 훈증법, 훈연법 등
	생물학적	세균, 곰팡이, 효모의 작용으로 식품을 저장하는 방법

1) 식중독의 분류

세균성	감염형	장염비브리오균, 병원성 대장균, 살모넬라균 등
	독소형	포도상구균, 보툴리누스균, 웰치균 등
	기타	알레르기성 식중독, 장구균, 노로 바이러스 등
자연독	식물성	감자 중독, 버섯독, 곰팡이류 중독, 맥각균 중독 등
	동물성	조개류 식중독, 복어 식중독 등
곰팡이독		아플라톡신, 황변미독, 루브라톡신 등
화학물질		유독물질, 유해금속물질, 불량 첨가물

2) 세균성 식중독

(1) 감염형

살모넬라 식중독	• 증상 : 설사, 오한, 두통, 고열, 구토, 복통 등 • 잠복기 : 12~48시간
장염비브리오 식중독	• 원인 : 오염 어패류에 접촉한 식칼, 도마, 행주, 여름철 어패류 생식 등에 의한 2차 감염 • 증상 : 급성 위장염, 복통, 설사, 두통, 구토 등 • 잠복기 : 8~20시간
병원성 대장균 식중독	• 원인 : 감염된 우유, 치즈 및 김밥, 햄버거, 햄 등의 섭취 • 증상 : 복통, 설사 등 • 잠복기 : 2~8일

(2) 독소형

포도상구균	• 원인 : 감염된 우유, 도시락, 치즈 및 김밥, 빵 등의 섭취 • 증상 : 급성 위장염, 구토, 설사, 복통 등 • 잠복기 : 30분~6시간
보툴리누스균	• 원인 : 오염된 햄, 소시지, 육류, 과일, 신경독소 등의 섭취 • 증상 : 구토, 설사, 호흡곤란 등 • 잠복기 :12~36시간 ※ 식중독 중 치명률이 가장 높다.
웰치균	• 원인 : 육류, 가열된 조리 식품, 어패류, 단백질 식품 등 • 증산 : 설사, 복통, 출혈성 장염 등 • 잠복기 : 6~22시간

(3) 자연독

식물성	독버섯	팔린, 무스카린, 아마니타톡신
	감자	셉신, 솔라닌
	목화씨	고시풀
	매실	아미그달린
	맥각	에르고톡신
	독미나리	시큐톡신
동물성	복어	테트로도톡신
	대합, 섭조개	삭시톡신
	굴, 모시조개, 바지락	베네루핀

(4) 곰팡이독

아플라톡신	옥수수, 땅콩
파툴린	부패된 사과나 사과 주스의 오염에서 볼 수 있는 신경독 물질
시트리닌	황변미, 쌀에 14~15% 이상 수분 함유 시 발생
루브라톡신	페니실룸 루브룸에 오염된 옥수수를 양이나 소의 사료로 이용 시

6 보건 행정

1) 정의

공중 보건의 목적(수명 연장, 신체적·정신적 건강증진, 질병 예방)을 달성하기 위해 공공의 책임하에 수행하는 행정 활동

2) 보건 행정의 특성

사회성, 교육성, 공공성, 과학성, 봉사성, 기술성, 보장성 등

3) 보건 행정의 범위(세계보건기구 정의)

(1) 대중에 대한 보건교육
(2) 보건관계 기록의 보존
(3) 감염병 관리
(4) 환경위생
(5) 의료 및 보건 간호
(6) 모자보건

PART Ⅵ. 공중보건학

소독학

CHAPTER 02

1 소독 일반

1) 용어의 정의

(1) 소독 : 병원성 미생물의 생활력을 파괴하여 제거하거나 또는 죽여 감염력을 없애는 것

(2) 멸균 : 병원성 또는 비병원성 포자 및 미생물을 가진 전부 사멸 또는 제거 (무균상태)

(3) 살균 : 생활력을 가지고 있는 미생물을 화학·물리적 작용에 의해 급속히 사멸

(4) 방부 : 병원성 미생물의 발육을 제거하거나 정지시켜서 음식물의 발효나 부패를 방지

2) 소독제의 구비조건

(1) 소요시간이 짧고 효과가 빠를 것
(2) 생물학적 작용을 충분히 발휘할 수 있을 것
(3) 독성이 적으면서 사용자에게도 자극성이 없을 것
(4) 원액 혹은 희석된 상태에서 화학적으로 안정되어 있을 것
(5) 살균력이 강할 것
(6) 용해성이 높을 것
(7) 경제적이고 사용이 용이할 것
(8) 부식성 및 표백성이 없을 것

3) 소독에 영향을 미치는 인자

수분, 온도, 시간, 농도

4) 물리적 소독법

(1) 건열멸균법

건열 멸균법	• 165~170°C에서 1~2시간 가열하고 멸균 후 서서히 냉각 처리 • 대상물 : 유리, 주삿바늘, 글리세린, 도자기, 분말제품
화염 멸균법	• 170°C에서 20초 이상 화염 속에서 가열 • 대상물 : 금속류, 유리 막대, 도자기 등
소각법	• 불에 태워 멸균, 가장 강력한 방법 • 대상물 : 오염된 휴지, 환자의 가래, 환자복, 오염된 가운, 쓰레기 등

(2) 습열멸균법

자비소독법	• 탄산나트륨 1~2% 첨가 시 살균력이 높아지며, 금속 손상 방지 • 100°C의 끓는 물에 15~20분 가열 • 대상물 : 수건, 금속(철제 도구), 의류, 도자기, 식기류 등
고압증기 멸균법	• 고압 고온의 수증기를 미생물과 포자(아포)에 접촉 사멸(가장 효과적임) • 100°C 고압에서 기본 2기압(15파운드)으로 20분 가열 • 대상물 : 이불, 의류, 거즈, 고무 약액, 금속제품, 아포, 등
유통 증기 멸균법	• 100°C 유통 증기에 30~60분 가열(코흐 증기솥 사용) • 대상물 : 스팀 타월, 도자기, 의류, 식기류 등
간헐 멸균법	• 100°C 유통 증기에 30~60분간 24시간마다 가열처리를 3회 반복하여 멸균 • 고압증기 멸균에 의해 손상될 위험이 있는 경우 사용 • 대상물 : 도자기, 금속류, 아포
초고온 순간 살균법	• 130~150°C에서 1~3초간 가열 후 급속 냉동 • 대상물 : 유제품
고온 살균법	• 70~75°C에서 15초 가열 후 급냉동 • 대상물 : 유제품
저온 살균법	• 62~63°C에서 30분간 살균(영양성분 파괴를 방지) • 대상물 : 유제품, 알코올, 건조과실 등

(3) 자외선

일광 소독	• 20분 이상 강한 살균 작용 • 대상물 : 수건, 침구, 의류 등
자외선 소독기	• 2~3시간 이상 자외선에 직접 노출 • 대상물 : 철제(니퍼, 푸셔 등)

(4) 비열법

여과 멸균법	• 열에 불안정한 액체 멸균 • 대상물 : 당, 혈청, 약제, 백신 등
초음파 멸균법	• 초음파 파장으로 미생물을 파괴하여 멸균 • 대상물 : 액체, 손 소독 등
방사선 멸균법	• 방사선을 투과하여 미생물을 멸균 • 대상물 : 포장된 물품

3) 화학적 소독법

석탄산(페놀)	• 소독제의 살균 지표 • 3% 농도에서 사용 • 부적합 대상 : 아포, 피부 점막, 금속류 등 • 세균의 세포의 용해 작용과 단백질 응고 작용으로 살균 • 소금(염화나트륨) 첨가 시 소독력이 높아짐 • 석탄산 계수 $$석탄산\ 계수 = \frac{소독약\ 희석\ 배수}{석탄산\ 희석\ 배수}$$ • 대상물 : 기구, 의료용기, 방역용 소독
승홍수	• 부적합 대상 : 상처, 금속류 등 • 0.1~0.5%의 농도를 사용 • 단백질 변성 작용, 금속 부식, 물에 녹지 않고 살균력과 독성이 강함 • 맹독성이므로 취급 주의 • 대상물 : 피부
알코올	• 부적합 대상 : 고무, 플라스틱, 아포 • 70%의 농도를 사용 • 살균 작용, 사용방법이 간단하고 독성이 적고 휘발성이 강함 • 대상물 : 피부, 손, 발, 철제 도구, 유리 등

포르말린	• 부적합 대상물 : 배설물, 객담(가래) • 독성이 강하며 아포에 강한 살균 효과 • 1~1.5%의 농도를 사용 • 코, 기도, 눈을 손상 시키며 장기간 노출 시 만성 기관지염을 유발 • 대상물 : 훈증 소독에 약제, 홀씨(아포)
크레졸	• 3% 농도를 사용 • 석탄산보다 2배의 정도의 세균 소독, 살균력 효과가 크고 독성이 약함 • 대상물 : 아포, 바닥, 배설물
역성비누	• 0.01~0.1% 농도 사용 • 물에 잘 녹음 • 무독성, 무자극 세정력은 약하지만 소독력이 강함 • 대상물 : 손, 식기
과산화수소	• 3% 농도 사용 • 표백작용 • 무취, 무색, 산화작용으로 미생물 살균 • 대상물 : 구강, 피부 상처
염소	• 산화작용, 살균력이 크나 냄새가 있고 자극성, 부식성이 강함 • 대상물 : 음용수, 아포, 상하수도
오존	• 반응성이 풍부하고 산화작용이 강함 • 대상물 : 물
생석회	• 가스분해 작용 • 무취, 백색 • 저렴한 비용으로 넓은 장소 소독에 주로 사용 • 대상물 : 화장실, 하수도, 분변, 쓰레기통
E.O가스 멸균법	• 고압 증기 멸균법에 비해 멸균 후 장기 보존이 가능 • 멸균 시간이 길고 비용이 고가 • 대상물 : 플라스틱, 고무, 아포

2 미생물 총론

1) 병원성 미생물과 비병원성 미생물

비병원성 미생물	인체 내에서 병적인 반응을 일으키지 않는 미생물	효모균, 곰팡이균, 발효균, 유산균 등
병원성 미생물	인체 내에서 병적인 반응을 일으키며 증식하는 미생물	세균(구균, 나선균, 간균), 바이러스, 진균, 리케차 등

2) 병원성 미생물의 종류 및 특징

(1) 세균

① 구균 : 둥근 모양의 세균

포도상구균	식중독의 원인균 화농성 질환 병원균(손가락 염증 등)
연쇄상구균	인후염 및 편도선염의 원인균
수막염균	유행성 수막염의 병원균
임균	임질의 병원균

② 간균 : 긴 막대기 모양의 세균

종류 : 파상풍균, 결핵균, 탄저균, 디프테리아균, 나균 등

③ 나선균 : 나선 또는 S자 모양의 세균

종류 : 렙토스피라균, 매독균, 콜레라균 등

(2) 바이러스

① 가장 작은 크기의 미생물

② 주요 질환 : 뇌염, 폴리오, 홍역, 인플루엔자, 간염 등

(3) 리케차

① 진핵 생물체의 세포 내에 기생

② 바이러스와 세균의 중간 크기

③ 진드기, 벼룩, 이 등의 절지동물과 공생

④ 주요 질환 : 참호열, 큐열, 티푸스열 등

(4) 진균

① 종류 : 효모, 곰팡이, 버섯 등

② 백선, 무좀 등의 피부병 유발

※ 미생물의 크기 비교

곰팡이 > 효모 > 스피로헤타 > 세균 > 리케차 > 바이러스

3) 미생물 증식 환경

(1) 온도

저온성균	15~20°C	해양성 미생물
중온균	28~45°C	곰팡이, 효모 등
고온성균	50~80°C	토양성 미생물, 온천에 증식하는 미생물

(2) 산소

호기성 세균	미생물의 생장을 위해 반드시 산소가 필요한 균(백일해, 결핵균, 디프테리아 등)
혐기성 세균	산소가 없어야만 증식할 수 있는 균(보툴리누스균, 파상풍균 등)
통성혐기성균	산소가 있으면 증식이 더 잘되는 균(포도상구균, 대장균, 살모넬라균 등)

(3) 수소이온농도(pH)

증식이 잘 되는 pH 범위 : 6.5~7.5(중성)

(4) 영양

미생물 생장을 위한 영양 : 탄소, 질소원, 무기염류 등

(5) 수분

미생물의 생육에 필요한 수분량 : 40%

※ 미생물 증식의 3대 조건 : 영양소, 온도, 수분

PART VI. 공중보건학

공중위생관리법

CHAPTER 03

1 공중위생관리법의 목적 및 정의

1) 공중위생관리법의 정의

공중보건위생영업 : 다수인을 대상으로 위생관리 서비스를 제공하는 영업으로서 숙박업, 목욕장업, 이용업, 미용업, 세탁업, 건물위생관리업을 말한다.

2) 공중위생관리법의 목적

공중이 이용하는 영업의 위생관리 등에 관한 사항을 규정함으로써 위생 수준을 향상시켜 국민의 건강증진에 기여

3) 공중위생관리법에 대한 명령

공중위생관리법 시행령	대통령령
공중위생관리법 시행규칙	보건복지부령

2 영업 신고 및 폐업신고

1) 영업 신고(시장·군수·구청장)

영업소를 개설할 때는 보건복지부령이 정하는 시설, 설비를 갖추고 시장, 군수, 구청장에게 신고한다.
  (1) 미용기구는 소독한 기구와 소독을 하지 아니한 기구를 구분하여 보관할 수 있는 용기를 비치해야 한다.
  (2) 자외선 살균기, 소독기 등 미용기구를 소독하는 장비를 갖추어야 한다.

(3) 응접 장소, 작업 장소, 상담실 등을 분리하기 위해 칸막이를 설치할 수 있다 설치된 칸막이 출입문이 있는 경우 출입문의 1/3 이상을 투명하게 해야 한다(단, 탈의실의 경우 출입문을 투명하게 해서는 안 된다).

(4) 작업 장소 내 침대와 침대사이에 칸막이를 설치할 수 있으나 칸막이에 출입문이 있는 경우 출입문의 1/3 이상을 투명하게 해야 한다.

2) 영업 신고 시 구비서류

영업신고서, 영업시설 및 설비개요서, 교육수료증(미리 교육을 받는 경우), 면허증

3) 변경신고를 해야 할 경우

공중위생영업자는 보건복지부령이 정하는 중요사항을 변경하고자 하는 때에도 시장·군수·구청장에게 신고하여야 한다.

(1) 영업소의 상호 또는 명칭 변경
(2) 영업소의 소재지 변경
(3) 신고한 영업장 면적의 1/3 이상 증감 시
(4) 대표자의 성명 또는 생년월일 변경
(5) 업종 간 변경

4) 폐업신고

영업자는 영업을 폐업한 날부터 20일 이내에 시장·군수·구청장에게 신고하여야 하며, 폐업신고 시 신고서를 첨부하여야 한다.

3 영업의 승계

1) 영업의 승계

(1) 공중위생영업자가 그 공중위생영업을 양도하거나 사망한 때 또는 법인의 합병이 있는 때에는 그 양수인·상속인 또는 합병 후 존속하는 법인이나 합연에 의해 설립되는 법인은 그 공중위생영업자의 지위를 승계

(2) 민사집행법에 의한 경매 [채무자 회생 및 파산에 관한 법률]에 의한 환가나 국세징수법·관세법 또는 [지방세 징수법]에 의한 압류 재산의 매각 그 밖에 이에 준하는 절차에 따라 공중위생영업 관련 시설 및 설비 전부를 인수하는 자는 법에 의한 공중위생영업자의 지위를 승계

(3) 이·미용업의 경우에는 면허를 소지한 자에 한하여 공중위생영업자의 지위를 승계

(4) 공중위생영업자의 지위를 승계한 자는 1개월 이내 보건복지부령이 정하는 바에 따라 시장·군수·구청장에 신고

2) 영업의 승계가 가능한 사람

(1) 상속인 : 미용업 영업자가 사망한 때

(2) 양수인 : 미용업을 양도한 때

(3) 환가, 경매, 압류 재산의 매각 그 밖에 이에 준하는 절차에 따라 미용업 영업 관련 설비 및 시설 전부를 인수한 자

(4) 법인 : 합병에 의해 설립되는 법인 또는 합병 후 존속하는 법인

3) 승계의 제한 및 신고

(1) 제한 : 미용업과 이용업의 경우 면허를 소지한 자에 한하여 승계 가능

(2) 신고 : 공중위생영업자의 지위를 승계한 자는 1개월 이내에 시장·군수·구청장에게 신고

4 면허취소 및 발급

1) 면허발급 대상자

(1) 전문대학 또는 이와 동등 이상의 학력이 있다고 교육부장관이 인정하는 학교에서 미용에 관한 학과를 졸업한 자

(2) 대학 또는 전문대학을 졸업한 자와 동등 이상의 학력이 있는 것으로 인정되어 미용에 관한 학위를 취득한 자

(3) 고등학교 또는 교육부장관이 인정하는 학교에서 미용에 관한 학과를 졸업한 자

(4) 특성화고등학교, 고등기술학교나 고등학교 또는 고등기술학교에 준하는 각종학교에서 1년 이상 미용에 관한 소정의 과정을 이수한 자

(5) 국가기술자격법에 의해 미용사의 자격증 취득한 자

2) 면허 결격사유

(1) 정신질환자(전문의가 미용사로서 적합하다고 인정하는 사람을 예외)
(2) 피성년후견인(장애, 질병, 노령 등의 사유로 인한 정신적 제약으로 사무처리 능력이 지속적으로 결여된 사람)
(3) 약물 중독자
(4) 공중의 위생에 영향을 미칠 수 있는 감염병 환자로서 결핵 환자(비감염성 제외)
(5) 공중위생관리법의 규정에 의한 면허증 불법 대여 또는 명령 위반의 사유로 면허가 취소된 후 1년이 경과되지 않은 자

3) 면허 신청 절차

(1) 서류제출

면허 신청서에 다음의 서류를 첨부하여 시장·군수·구청장에게 제출

교육부장관이 인정하는 고등기술학교에서 1년 이상 미용에 관한 소정의 과정을 이수한 자	이수증명서 1부
전문대학 또는 이와 동등 이상의 학력이 있다고 교육부장관이 인정하는 학교에서 미용에 관한 학과를 졸업한 자	학위증명서 또는 졸업증명서 1부
대학 또는 전문대학을 졸업한 자와 동등이상의 학력이 있는 것으로 인정되어 미용에 관한 학위를 취득한 자	
고등학교 또는 이와 동등의 학력이 있다고 교육부장관이 인정하는 학교에서 미용에 관한 학과를 졸업한 자	

(2) 서류확인

행정정보의 공동이용을 통하여 다음의 서류를 확인한다.
(신청인이 확인에 동의하지 않는 경우 해당서류를 첨부)
① 국가기술자격취득 사항 확인서(해당하는 사람만)
② 학점은행학위 증명서(해당하는 사람만)

4) 면허증 교부

신청내용이 요건에 적합하다고 인정되는 경우 면허증을 교부하고 면허등록 관리대장을 관리·작성해야 한다.

5) 면허증 재교부

(1) 면허증 재교부 신청조건
   ① 면허증 분실 또는 훼손 시
   ② 면허증의 기재사항 변경 시

(2) 서류제출
   ① 면허증 원본(훼손 또는 기재사항 변경 시)
   ② 6개월 이내 찍은 3×4cm 사진 1매

6) 면허취소

다음의 경우 면허를 취소하거나 6개월 이내의 기간을 정하여 그 면허의 정지를 명할 수 있다.

(1) "면허 결격사유"자 중 (1)~(4)에 해당하게 된 때
(2) 이중으로 면허를 취득한 때(나중에 발급받은 면허를 말함)
(3) 국가기술자격법에 따라 자격증이 취소된 때
(4) 면허정지 처분을 받고도 그 정지 기간 중 영업을 진행한 때
(5) 면허증을 다른 사람에게 대여한 때
(6) 국가기술자격법에 따라 자격정지 처분을 받은 때
(7) [성매매알선 등 행위의 처벌에 관한 법률]이나 [풍속영업의 규제에 관한 법률]을 위반하여 관계 행정기관의 장으로부터 그 사실을 통보받은 때

※ (1)~(4) : 면허취소에만 해당

7) 면허증 반납

면허정지 또는 취소 명령을 받을 시 : 관할 시장·군수·구청장에게 면허증을 반납

5 영업자 준수사항

1) 미용업 영업자의 준수사항(보건복지부령)
(1) 의약품와 의료기구를 사용하지 않는 피부미용 또는 순수한 화장을 할 것
(2) 미용기구는 소독한 기구와 소독을 하지 않은 기구를 분리하여 보관할 것
(3) 면도기는 1회용으로 면도날은 손님 1인에 한하여 사용할 것
(4) 영업소 내부에 개설자의 면허증 원본 및 미용업 신고증을 게시할 것
(5) 피부미용을 위한 의료기기 또는 의약품을 사용하지 말 것
(6) 귓불 뚫기, 점빼기, 문신, 박피술, 쌍꺼풀 수술 등의 의료행위를 하지 말 것
(7) 영업장 안의 조명도는 75Lux 이상이 되도록 할 것
(8) 영업소 내부에 최종 요금지불표를 게시 또는 부착

2) 영업소 외부에 부착하는 경우
(1) 영업장 면적이 66㎡ 이상인 영업소인 경우
(2) 요금표에는 일부 항목만 표시 가능(5개 이상)

3) 영업소 내에 게시해야 할 사항
(1) 미용사 신고증, 개설자 면허증 원본, 최종 요금지불표
(2) 미용 기구의 소독 시준 및 방법 일반기준

자외선 소독	1㎠당 85㎼ 이상의 자외선을 20분 이상 쬐어준다.
건열멸균 소독	100°C 이상의 건조한 열에 20분 이상 쐬어준다.
증기 소독	100°C 이상의 습한 열에 20분 이상 쐬어준다.
열탕 소독	100°C 이상의 물속에 10분 이상 끓여준다.
석탄산수 소독	석탄산수(물 97%, 석탄산 3% 수용액)에 10분 이상 담가둔다.
크레졸 소독	크레졸수(물 97%, 크레졸 3% 수용액)에 10분 이상 담가준다.
에탄올 소독	에탄올수용액(에탄올이 70%인 수용액)에 10분 이상 담아두거나 에탄올 수용액을 머금은 거즈 또는 면으로 기구의 표면을 닦아준다.

(3) 개별 기준
　　미용기구 및 이용기구의 재질, 종류 및 용도에 따른 구체적인 소독방법 및 기준은 보건복지부장관이 정하여 고시한다.

6 미용사의 업무

1) 업무 범위

(1) 미용업을 개설하거나 그 업무에 종사하려면 반드시 면허를 받아야 한다.

(2) 영업소 외의 장소에서 업무를 행할 수 없다.
   (보건복지부령이 정하는 특별한 사유가 있는 경우에는 제외)

보건복지부령이 정하는 특별한 사유

- 질병 등 그 밖의 사유로 영업장에 나올 수 없는 자에 대하여 미용을 하는 경우
- 혼례나 그 밖의 의식에 참여하는 자에 대하여 그 의식 직전에 미용을 하는 경우
- 봉사활동으로 사회복지시설에서 미용을 하는 경우
- 방송 등의 촬영에 참여하는 사람에 대하여 그 촬영 직전에 이용 또는 미용을 하는 경우
- 기타 특별한 사정이 있다고 시장·군수·구청장이 인정하는 경우
---

(3) 이용사 및 미용사의 업무범위에 관하여 필요한 사항은 보건복지부령으로 정한다.

7 행정지도감독

1) 보고 및 출입·검사

특별시장, 광역시장, 도지사 또는 시장·군수·구청장은 공중위생관리상 필요하다고 인정하는 때에 다음을 실시할 수 있다.

(1) 공중위생영업자에 대하여 필요한 보고를 하게 함

(2) 소속공무원으로 하여금 사무소·영업소 등에 출입하여 영업자의 위생관리 의무이행 등에 대하여 검사하게 함

(3) 필요에 따라 공중위생영업 장부나 서류를 열람하게 할 수 있음

(4) 공중위생영업자의 영업소에 설치가 금지되는 카메라나 기계장치가 설치되어 있는지 검사 할 수 있음

(5) 관계공무원은 그 권한을 표시하는 증표를 지녀야 하며 관계인에게 이를 내보여야 함
   (위생관리 의무 이행검사 권한을 행사할 수 있는 자 : 특별시, 광역시, 도 또는 시·군·구 소속 공무원)

2) 영업의 제한

시·도지사는 공익상 또는 선량한 풍속을 유지하기 위하여 필요하다고 인정하는 때에는 공중위생영업자 및 조사원에 대하여 영업시간 및 영업 행위에 관한 필요한 제한을 할 수 있다.

3) 개선 명령 및 위생 지도

시·도지사 또는 시장·군수·구청장은 (1) 또는 (2)에 해당하는 자에 대하여 보건복지부령으로 정하는 바에 따라 기간을 정하여 그 개선을 명할 수 있다.
(1) 공중위생영업의 종류별 시설 및 설비기준을 위반한 공중위생영업자
(2) 위생관리 의무 등을 위반한 공중위생영업자
(3) 위생관리 의무를 위반한 공중위생시설의 소유자

8 영업소 폐쇄

1) 영업의 정지, 일부 시설의 사용 중지, 영업소 폐쇄

시장·군수·구청장은 공중위생영업자가 다음 각호의 어느 하나에 해당하면 6개월 이내의 기간을 정하여 영업의 정지 또는 일부 시설의 사용 중지를 명하거나 영업소 폐쇄 등을 명할 수 있다. (보건복지부령)
(1) 영업 신고를 하지 아니하거나 시설과 설비기준을 위반한 경우
(2) 공중위생영업자의 위생관리의무 등을 지키지 아니한 경우
(3) 지위 승계신고를 하지 아니한 경우
(4) 변경신고를 하지 아니한 경우
(5) 영업소 외의 장소에서 미용 또는 이용 업무를 한 경우
(6) 보고를 하지 아니하거나 거짓으로 보고한 경우 또는 관계 공무원의 출입, 검사 또는 공중위생영업 장부 또는 서류의 열람을 거부·방해하거나 기피한 경우
(7) 개선 명령을 이행하지 아니한 경우
(8) [성매매알선 등 행위의 처벌에 관한 법률], [풍속영업의 규제에 관한 법률], [청소년 보호법], [아동·청소년의 성보호에 관한 법률] 또는 [의료법]을 위반하여 관계 행정기관의 장으로부터 그 사실을 통보받은 경우

2) 시장·군수·구청장이 영업소 폐쇄를 명할 때

  (1) 영업정지처분을 받고도 그 영업정지 기간에 영업을 한 경우
  (2) 공중위생영업자가 정당한 사유 없이 6개월 이상 계속 휴업하는 경우
  (3) 공중위생영업자가 관할 세무서장에게 폐업신고를 하거나 관할 세무서장이 사업자 등록을 말소한 경우

3) 영업소 폐쇄 명령을 받고도 계속하여 영업을 할 때의 조치

  (1) 해당 영업소의 간판 기타 영업표지물의 제거
  (2) 해당 영업소가 위법한 영업소임을 알리는 게시물 등의 부착
  (3) 영업을 위하여 필수불가결한 기구 또는 시설물을 사용할 수 없게 봉인

4) 봉인을 해체할 수 있는 조건

  (1) 봉인을 계속할 필요가 없다고 인정되는 때
  (2) 영업자 등이나 그 대리인이 해당 영업소를 폐쇄할 것을 약속하는 때
  (3) 정당한 사유를 들어 봉인의 해체를 요청하는 때
  (4) 당해 업소가 위법한 영업소임을 알리는 게시물 등의 제거를 요청하는 경우

9 공중위생감시원

1) 공중위생영업 신고, 승계, 위생관리 업무 등 관계 공무원의 업무를 행하게 하기 위해 특별시·광역시·도·시·군·구에 공중위생감시원을 둔다.

2) 공중위생감사원의 자격, 임명, 업무 범위 : 대통령령으로 정함

공중위생감시원의 자격 및 임명	• 환경기사 또는 위생사 2급 이상의 자격증이 있는 자 • [고등교육법]에 의한 대학에서 화학, 화공학, 환경공학 또는 위생학 분야를 전공하고 졸업한 자 또는 이와 같은 수준 이상의 학력이 있다고 인정되는 사람 • 외국에서 환경기사 또는 위생사의 면허를 받은 사람 • 1년 이상 공중위생 행정에 종사한 경력이 있는 자

공중위생감시원의 업무 범위	• 설비 및 시설 확인 • 공중위생영업 관련 시설 및 설비의 위생 상태 확인, 검사, 공중위생업자의 위생 관리의무 및 영업자 준수사항 이행 여부의 확인 • 개선명령 및 위생지도 이행 여부의 확인 • 위생교육 이행 여부 확인 • 공중위생영업소의 일부 시설의 사용 중지, 영업정지 또는 영업소 폐쇄 명령 이행 여부 확인

3) 명예 공중위생감시원

대통령령	• 명예 공중위생감시원의 자격 및 위촉 방법, 업무 범위 등에 관하여 필요한 사항
시·도지사	• 공중위생의 관리를 위한 지도·계몽 등을 행하게 하기 위하여 명예 공중위생감시원을 둘 수 있음 • 활동 지원을 위하여 예산 범위 안에서 시·도지사가 정하는 바에 따라 수당 등을 지급 • 명예 공중위생감시원의 운영에 관하여 필요한 사항

10 영업자 위생교육

1) 교육 횟수 및 시간 : 매년 3시간

2) 교육 대상 및 시기

(1) 영업 신고를 하려면 미리 위생교육을 받아야 한다.

(2) 영업개시 후 6개월 이내 위생교육을 받을 수 있는 경우

　① 천재지변, 본인의 질병·사고, 업무상 국외 출장 등의 사유로 교육을 받을 수 없는 경우

　② 교육을 실시하는 단체의 사정 등으로 미리 교육을 받기 불가능한 경우

3) 교육기관

보건복지부장관이 공중위생영업자단체 또는 허가한 단체

위생교육 실시단체의 업무
• 교육 교재를 편찬하여 교육 대상자에게 제공 • 위생교육을 수료한 자에게 수료증 교부 • 교육실시 결과를 교육 후 1개월 이내에 시장·군수·구청장에게 통보 • 수료증 교부 대장 등 교육에 관한 기록을 2년 이상 관리·보관

11 업소 위생 등급

1) 평가 목적(시·도지사)

공중위생영업소의 위생관리 수준 향상을 위해 위생 서비스 평가계획을 수립하여 시장·군수·구청장에게 통보

2) 평가 방법(시장·군수·구청장)

(1) 평가 계획에 따라 관할지역별 세부계획을 수립한 후 평가
(2) 관련 전문단체 및 기관으로 하여금 위생서비스 평가를 실시

3) 평가 주기 : 2년마다 실시

4) 위생관리 등급(보건복지부령)

최우수업소	녹색등급
우수업소	황색등급
일반관리대상업소	백색등급

5) 위생 등급 관리 공표

(1) 보건복지부령이 정하는 바에 의하여 위생서비스 평가 결과에 따른 위생관리등급을 해당 공중위생 업자에게 통보 및 공표
(2) 공중위생영업자는 통보받은 위생관리등급의 표지를 영업소의 명칭과 함께 영업소의 출입구에 부착 가능

6) 위생감시

(1) 위생 서비스 평가의 결과에 따른 위생 관리 등급별로 영업소에 대한 위생 감시를 실시
(2) 영업소에 대한 출입·검사와 위생감시의 실시 주기 및 횟수 등 위생관리등급별 위생감시 기준은 보건복지부령으로 정함

12 벌칙

1) 1년 이하의 징역 또는 1천 만원 이하의 벌금

(1) 영업의 신고를 하지 아니한 자
(2) 영업 정지 명령 또는 일부 시설의 사용 중지 명령을 받고도 그 기간에 영업을 하거나 그 시설을 사용한 자
(3) 영업소 폐쇄 명령을 받고도 계속하여 영업을 한 자

2) 6개월 이하의 징역 또는 500만원 이하의 벌금

(1) 보건복지부령이 정하는 중요한 사항을 변경하고도 변경 신고를 아니 한자
(2) 공중위생영업자의 지위를 승계한 자로서 신고를 아니한 자
(3) 건전한 영업 질서를 위하여 공중영업자가 준수해야 할 사항을 준수하지 아니한 자

3) 300만원 이하의 벌금

(1) 면허의 정지 또는 취소 중에 미용업 또는 이용업을 한자
(2) 면허를 받지 아니하고 이·미용업을 개설하거나 그 업무에 종사한자
(3) 다른 사람에게 미용사 면허증을 빌려주거나 빌린 사람
(4) 미용사 면허증을 빌려주거나 빌리는 것을 알선한 사람

13 과태료

1) 300만원 이하의 과태료

(1) 위생관리 업무에 대한 개선 명령을 위반한 자
(2) 보고하지 아니하거나 관계 공무원의 출입, 검사, 기타조치를 거부 방해 또는 기피한 자
(3) 시설 및 설비기준에 대한 개선명령 위반 시

2) 200만원 이하의 과태료

(1) 미용업소의 위생관리 의무를 지키지 아니한 자
(2) 영업소 외의 장소에서 이·미용 업무를 행한 자
(3) 위생교육을 받지 아니한 자

3) 과태료 부과와 징수 절차

(1) 과태료는 대통령령이 정함
(2) 보건복지부장관 또는 시장·군수·구청장이 징수·부과
(3) 보건복지부장관 또는 시장·군수·구청장은 위반 횟수 및 위반 행위 정도, 위반 행위의 동기와 결과 등을 고려하여 1/2의 범위에서 가중 또는 경감

14 면허취소·정지 처분의 세부기준

위반사항	행정처분기준			
	1차	2차	3차	4차
미용사의 면허에 관한 규정을 위반한 때				
① 국가기술자격법에 따라 미용사 자격 취소 시	면허취소			
② 국가기술자격법에 따라 미용사 자격정지 처분을 받을 시	면허정지	(국가기술자격법에 의한 자격정지 처분 기간에 한한다)		
③ 피성년후견인, 정신질환자, 약물중독자, 결핵환자에 의한 결격사유에 해당한 때	면허취소			
④ 이중으로 면허를 취득 시	면허취소	(나중에 발급받은 면허를 말한다)		
⑤ 타인에게 면허증을 대여 시	면허정지 3개월	면허정지 6개월	면허취소	
⑥ 면허정지 처분을 받고 그 정지 기간 중 업무를 행한 때	면허취소			
법 또는 법에 의한 명령을 위반한 때				
① 시설 및 설비기준을 위반 시	개선명령	영업정지 15일	영업정지 1개월	영업장 폐쇄 명령
② 신고하지 않고 영업소의 명칭 및 상호 또는 영업장 면적의 1/3 이상 변경 시	경고 또는 개선명령	영업정지 15일	영업정지 1개월	영업장 폐쇄 명령
③ 신고하지 않고 영업소의 소재지 변경 시	영업정지 1개월	영업정지 2개월	영업장 폐쇄 명령	
④ 영업자의 지위를 승계 후 1개월 이내에 신고하지 않을 시	경고	영업정지 10일	영업정지 1개월	영업장 폐쇄 명령

위반사항	행정처분기준			
	1차	2차	3차	4차
⑤ 소독한 기구와 소독하지 않은 기구를 각기 다른 용기에 보관하지 않거나 1회용 면도날을 2인 이상의 손님에게 사용 시	경고	영업정지 5일	영업정지 10일	영업장 폐쇄 명령
⑥ 피부미용을 위하여 [의료기기법]에 따른 의료기기 또는 [약사법]에 따른 의약품을 사용 시	영업정지 2개월	영업정지 3개월	영업장 폐쇄 명령	
⑦ 쌍꺼풀 수술·귓불 뚫기·점 빼기·박피술 그 밖에 유사한 의료행위를 할 시	영업정지 2개월	영업정지 3개월	영업장 폐쇄 명령	
⑧ 미용업 신고증 및 면허증 원본을 게시하지 않거나 업소 내 조명도를 준수하지 않을 시	경고 또는 개성명령	영업정지 5일	영업정지 10일	영업장 폐쇄 명령
⑨ 영업소 외의 장소에서 업무를 행할 시	영업정지 1개월	영업정지 2개월	영업장 폐쇄 명령	
⑩ 시·도지사 또는 시장·군수·구청장이 하도록 한 필요한 보고를 거짓으로 보고하거나 하지 아니한 때 또는 관계 공무원의 검사·출입을 기피·거부하거나 방해 시	영업정지 10일	영업정지 20일	영업정지 1개월	영업장 폐쇄 명령
⑪ 시·도지사 또는 시장·군수·구청장의 개선명령을 이행하지 않을 시	경고	영업정지 10일	영업정지 1개월	영업장 폐쇄 명령
⑫ 영업정지처분을 받고 그 영업정지 기간 중 영업 시	영업장 폐쇄 명령			

[성매매알선 등 행위의 처벌에 관한 법률], [풍속영업의 규제에 관한 법률], [의료법]에 위반하여 관계행정기관장의 요청이 있는 때

① 손님에게 성매매알선 등 행위(또는 음란행위)를 하게 하거나 이를 알선 또는 제공 시

	1차	2차	3차	4차
영업소	영업정지 3개월	영업장 폐쇄 명령		
미용사(업주)	면허정지 3개월	면허취소		
② 손님에게 도박 그 밖에 유사행위를 하게 할 시	영업정지 1개월	영업정지 2개월	영업장 폐쇄 명령	
③ 음란한 물건을 열람·관람하게 하거나 보관 또는 진열 시	경고	영업정지 15일	영업정지 1개월	영업장 폐쇄 명령
④ 자격증이 없는 안마사로 하여금 안마 행위를 하게 할 시	영업정지 1개월	영업정지 2개월	영업장 폐쇄 명령	

VII
모의고사

CHAPTER 01	모의고사 1회	143
CHAPTER 02	모의고사 2회	154
CHAPTER 03	모의고사 3회	164
CHAPTER 04	모의고사 4회	175
CHAPTER 05	모의고사 5회	184

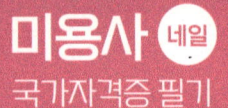

모의고사 제1회

01 손톱의 역사에 관한 내용 중 옳지 않은 것은?

① 중국에서는 특권층의 신분을 나타내기 위해 입술연지의 재료인 홍화를 이용하였다.
② 최초의 네일 관리는 B.C 3,000년경에 이집트와 중국에서 시도되었다는 기록이 있다.
③ 고대 이집트는 상류층은 옅은 색, 하류층은 짙은 색으로 신분 관계를 표시했다.
④ 1950년 헬렌 걸리에 의해 처음으로 네일 케어를 미용학교에서 가르쳤다.

02 손톱의 특성으로 틀린 것은?

① 손톱의 손상으로 조갑이 탈락하고 회복되는 데는 약 6개월 정도의 기간이 소요된다.
② 엄지손톱의 성장이 가장 느리며, 새끼손톱이 가장 빠르다.
③ 손톱의 성장은 겨울보다 여름이 잘 자란다.
④ 손톱은 피부의 부속기관으로 케라틴이 주요 구성성분이다.

03 제품 안전 정보 지침서를 뜻하는 약어로 맞는 것은?

① OSHA　② MSDS
③ EPA　④ DOH

04 세포막을 통한 물질의 이동방법이 아닌 것은?

① 여과　② 확산
③ 삼투　④ 수축

05 손에 있는 뼈로서 총 14개로 구성되어 있는 뼈는?

① 척골　② 요골
③ 수지골　④ 수근골

06 인체의 혈액량은 체중의 몇 %인가?

① 약 2%　② 약 8%
③ 약 20%　④ 약 30%

07 모세혈관이 위치하며 콜라겐 조직과 탄력적인 엘라스틴 섬유 및 뮤코다당류로 구성된 피부의 부분은?

① 표피　② 유극층
③ 진피　④ 피하조직

08 자외선의 작용이 아닌 것은?

① 살균작용　② 비타민 D 합성
③ 피부의 색소침착　④ 아포 사멸

09 피부에서 건조, 갈라짐과 허물 벗겨짐의 증상을 보이는 것은?

① 습진 ② 지루성 피부염
③ 무좀 ④ 사마귀

10 피부의 기능이 아닌 것은?

① 보호 작용 ② 체온조절 작용
③ 비타민 A 합성 ④ 호흡 작용

11 피부 유형에 대한 설명 중 틀린 것은?

① 정상 피부 - 유·수분 균형이 잘 잡혀있다.
② 민감성 피부 - 각질이 드문드문 보인다.
③ 노화 피부 - 미세하거나 선명한 주름이 보인다.
④ 지성 피부 - 모공이 크고 표면이 귤껍질 같이 보이기 쉽다.

12 성장촉진, 생리대사의 보조역할, 신경 안정과 면역기능 강화 등의 역할을 하는 영양소는?

① 단백질 ② 비타민
③ 무기질 ④ 지방

13 E.O 가스의 폭발 위험성을 감소하기 위해 주로 혼합하여 사용하는 물질은?

① 산소 ② 질소
③ 이산화탄소 ④ 아르곤

14 장시간에 걸쳐 반복하여 긁거나 비벼서 표피가 건조하고 가죽처럼 두꺼워진 상태는?

① 가피 ② 태선화
③ 반흔 ④ 낭종

15 다음 중 속발진에 해당하는 것은?

① 팽진 ② 종양
③ 가피 ④ 반점

16 법정 감염병 중 제2급에 해당하는 것은?

① 디프테리아 ② 파상풍
③ 신종인플루엔자 ④ 한센병

17 질병 전파의 개달물(介達物)에 해당하는 것은?

① 공기, 토양, 물 ② 우유, 음식물
③ 의복, 침구 ④ 파리, 모기

18 식품의 혐기성 상태에서 발육하여 체외 독소로서 신경독소를 분비하며 치명률이 가장 높은 식중독으로 알려진 것은?

① 살모넬라 식중독
② 보툴리누스균 식중독
③ 웰치균 식중독
④ 알레르기성 식중독

19 디피티(DPT)와 무관한 질병은?

① 디프테리아   ② 결핵
③ 파상풍   ④ 백일해

20 일반적으로 사용하는 소독제로서 에탄올의 적정 농도는?

① 30%   ② 50%
③ 70%   ④ 90%

21 법정 감염병 중 계속 감시할 필요가 있어 발생 시 24시간 이내에 신고해야 하는 감염병은?

① 말라리아   ② 백일해
③ 인플루엔자   ④ 디프테리아

22 환자 접촉자가 손의 소독 시 사용하는 약품으로 가장 부적당한 것은?

① 크레졸수   ② 승홍수
③ 역성비누   ④ 석탄산

23 혈청이나 약제, 백신 등 열에 불안정한 액체의 멸균에 주로 이용되는 멸균법은?

① 저온살균법   ② 여과멸균법
③ 간헐멸균법   ④ 건열멸균법

24 이·미용업소에서 일반적 상황에서의 수건 소독법으로 가장 적합한 것은?

① 석탄산소독   ② 적외선소독
③ 고압증기멸균법 ④ 자비소독법

25 미용 영업자가 시장, 군수, 구청장에게 변경 신고를 하여야 하는 사항이 아닌 것은?

① 영업소 내 시설의 변경
② 영업소의 소재지 변경
③ 영업장 면적의 1/3 이상의 증감
④ 영업소의 상호 변경

26 이·미용업소 외의 장소에서 이용 및 미용 업무를 한 경우의 3차 위반 행정처분 기준은?

① 영업장 폐쇄 명령 ② 영업정지 10일
③ 영업정지 1월   ④ 영업정지 2월

27 다음 중 공중위생관리법의 목적은?

① 공중위생영업의 위상 향상
② 공중위생 영업소의 철저한 위생관리
③ 위생 수준을 향상시켜 국민의 건강증진에 기여
④ 공중 위생영업 종사자의 위생 및 건강관리

28 위생관리 등급별로 영업소에 대한 위생 감시를 실시할 때 기준이 아닌 것은?

① 위생교육 실시 횟수
② 영업소에 대한 출입, 검사
③ 위생 감시의 실시 주기
④ 위생 감시의 실시 횟수

29 위생교육 대상자가 아닌 것은?

① 공중위생영업의 신고를 하고자 하는 자
② 공중위생영업을 승계한 자
③ 공중위생영업자
④ 면허증 취득 예정자

30 다음 중 기능성 화장품의 영역이 아닌 것은?

① 피부의 미백에 도움을 주는 제품
② 모발의 색상 변화, 제거에 또는 영양공급에 도움을 주는 제품
③ 피부의 여드름 개선에 도움을 주는 제품
④ 피부를 곱게 태우거나 자외선으로부터 피부를 보호하는 데 도움을 주는 제품

31 다음 중 보디용 화장품이 아닌 것은?

① 샤워젤   ② 바스오일
③ 데오드란트   ④ 헤어에센스

32 화장품의 사용 목적과 가장 거리가 먼 것은?

① 인체를 청결, 미화하기 위하여 사용한다.
② 용모를 변화시키기 위하여 사용한다.
③ 피부, 모발의 건강을 유지하기 위하여 사용한다.
④ 인체에 대한 약리적인 효과를 주기 위해 사용한다.

33 에센셜 오일의 효능에 해당하지 않는 것은?

① 면역강화   ② 보습작용
③ 항균작용   ④ 항염작용

34 다음 중 화장품의 사용되는 주요 방부제는?

① 에탄올 ② 벤조산
③ BHT ④ 파라옥시안식향산에틸

35 계면활성제에 대한 설명 중 잘못된 것은?

① 두 물질 사이의 경계면이 잘 섞이도록 도와주는 물질을 의미한다.
② 친수성기와 친유성기 모두 소유하고 있다.
③ 표면활성제라고도 한다.
④ 계면활성제는 표면장력을 높이고 기름을 유화시키는 특징을 가지고 있다.

36 자외선 차단제에 대한 설명으로 옳은 것은?

① 피부 병변이 있는 부위에 사용하여도 무관하다.
② 일광에 노출 전에 바르는 것이 효과적이다.
③ 사용 후 시간이 경과하여도 덧바르지 말아야 한다.
④ 민감한 피부일수록 SPF 지수가 높은 자외선 차단제를 사용하여야 한다.

37 스퀘어형 네일의 파일링 각도로 옳은 것은?

① 30° ② 45°
③ 70° ④ 90°

38 네일 미용사가 갖추어야 할 능력으로 적당하지 않은 것은?

① 네일 제품의 안정성 측면을 알아야 한다.
② 손(발)톱에 대한 위생적 측면을 알아야 한다.
③ 네일 이론의 객관화를 통한 기술의 적응력을 가져야 한다.
④ 고객 관리에 따른 기술적 문제만을 중점적으로 태도화 한다.

[39~40] 다음 보기를 보고 질문에 답하시오.

ㄱ 조체 ㄴ 자유연
ㄷ 조상 ㄹ 조모
ㅁ 옐로우라인 ㅂ 스트레스 포인트
ㅅ 조구

39 손톱 판과 관련된 명칭만 연결된 것은?

① ㄱ, ㄴ, ㄷ ② ㄱ, ㄷ, ㄹ, ㅁ
③ ㄴ, ㅁ, ㅂ, ㅅ ④ ㄱ, ㄴ, ㅁ

40 손톱 판 밑부분과 관련된 부분은?

① ㄱ, ㄴ ② ㄷ, ㄹ
③ ㅁ, ㅂ ④ ㅁ, ㅅ

41 포인트형 네일을 가장 적절히 표현한 것은?

① 스트레스 포인트를 기점으로 조반월을 둥글게 굴려준다.
② 상조피보다 자유연의 너비가 더 좁으며 자유연의 끝이 뾰족한 형태이다.
③ 스트레스 포인트를 기점으로 라운드형보다 더 둥글게 프리에지와 연결하는 형태이다.
④ 스트레스 포인트를 기점으로 라운드 스퀘어형보다 더 둥글게 프리에지와 연결하는 형태이다.

42 네일 숍에서 관리 가능한 손톱 질환은?

① 교조증   ② 조체구만증
③ 조체박리증   ④ 몰드

43 네일 표백제(네일 블리치제)에 대한 설명으로 옳은 것은?

① 20% H_2O_2 를 사용한다.
② 손톱의 프리에지 부분을 희게 보이도록 하는 것이다.
③ 구연산을 함유한 오일제를 조체면에 바른다.
④ 면봉이나 오렌지 우드 스틱에 묻혀 피부 면에 바른다.

44 수인성 감염병이 아닌 것은?

① 장티푸스   ② 콜레라
③ 일본뇌염   ④ 이질

45 네일 제품 중 가장 심각한 알레르기를 일으키는 물질은?

① 암모니아   ② 포름알데히드
③ 황화메틸엔   ④ 이황화에틸

46 큐티클이 비정상적으로 과하게 자라 네일판을 덮는 네일 질환은?

① 오니콕시스   ② 행내일
③ 에그쉘네일   ④ 테리지움

47 매니큐어 시술에 관한 내용 중 틀린 것은?

① 큐티클 리무버, 오일을 이용하여 큐티클을 부드럽게 만든다.
② 탑코트를 발라 유색 폴리시가 더 오래가도록 한다.
③ 큐티클은 죽은 각질 세포이므로 깨끗하게 잘라낸다.
④ 아세톤, 폴리시 리무버를 이용하여 유분기를 제거한다.

48 오벌 형태를 만드는 방법 중 틀린 사항은?

① 손톱의 어디를 보아도 곡선만이 존재한다.
② 스트레스 포인트에서부터 둥글게 파일링을 시작한다.
③ 손톱은 겹으로 구성되어 있으므로 파일 시 비벼서는 절대 안 된다.
④ 파일링 각도는 손톱 사이드에서 중앙으로 파일을 45° 각도를 다듬는다.

49 발톱의 모양을 잡을 때 가장 이상적인 모양은?

① 포인트모양　　② 오발모양
③ 스퀘어모양　　④ 라운드모양

50 부주의로 발생할 수 있는 손톱의 깨짐 찢어짐과 관리 소홀로 인해 약해진 손톱 또는 선천적으로 얇은 손톱의 수선과 보강을 위한 기술은?

① 팁 오버레이　　② 스캅춰
③ 실크익스텐션　　④ 리페어

51 아크릴릭 스캅춰 시술에 관한 내용 중 틀린 것은?

① 종이폼은 자연 손톱과 뜨지 않게 장착한다.
② 하이포인트는 충격흡수를 위해 스트레스 포인트 위에 만든다.
③ 아크릴 볼을 올린 후 빨리 굳게 하기 위해서 모노머를 사용한다.
④ C 커브는 더욱 튼튼한 네일의 형태를 만들기 위해 필요하다.

52 아크릴 네일 시술 시 사용하는 파일의 그릿 수는?

① 80~100그릿　　② 120~180그릿
③ 180~220그릿　　④ 220~240그릿

53 파일에 관해 설명한 것이다. 잘못 설명한 것은?

① 손톱의 길이와 모양을 조절한다.
② 외형적 구분과 그릿 숫자에 따라 분류한다.
③ 표면을 교환해서 쓰거나 소독이 가능한 파일도 있다.
④ 그릿의 숫자가 높을수록 거칠고 낮을수록 부드럽다.

54 질병 발생의 가지 3가지 요인으로 연결된 것은?

① 숙주 - 병인 - 환경
② 숙주 - 병인 - 유전
③ 숙주 - 병인 - 병원소
④ 숙주 - 병인 - 연령

55 하수처리의 순서로 맞는 것은?

① 예비처리 - 본처리 - 오니처리
② 예비처리 - 오니처리 - 본처리
③ 오니처리 - 예비처리 - 본처리
④ 본처리 - 예비처리 - 오니처리

56 아크릴릭 브러시 사용 시 전체적인 균형을 맞추기 위해 사용하는 부분은?

① Flag   ② Back
③ Belly   ④ Tip

57 다음 보균자 중 색출이 어려워 전염병 관리에 가장 어려운 사람은?

① 건강보균자   ② 잠복기보균자
③ 병후보균자   ④ 회복기보균자

58 호흡기계 감염병이 아닌 것은?

① 홍역   ② 백일해
③ 풍진   ④ 세균성이질

59 미용 업자가 준수하여야 하는 위생관리 기준으로 옳은 것은?

① 피부미용을 위하여 약사법 규정에 따른 의약품 또는 의료기구를 사용할 수 있다.
② 점 빼기, 귓불 뚫기, 쌍꺼풀 수술, 문신, 박피술 등을 하여서는 안 된다.
③ 업소 내의 미용업 신고증, 개설자의 면허증 사본 및 미용 요금표를 게시하여야 한다.
④ 영업장 안의 조명도는 65Lux 이상이 되도록 유지하여야 한다.

60 다음 중 영업소 이외의 장소에서 미용할 수 있는 대상이 아닌 것은?

① 거동이 불편한 자
② 혼례 직전의 신랑 신부
③ 사전에 출장 요청을 한 고객
④ 특별한 사정이 있다고 하여 시장·군수·구청장이 정하는 경우

제1회 정답 및 해설

1	2	3	4	5	6	7	8	9	10
③	②	②	④	③	②	③	④	①	③
11	12	13	14	15	16	17	18	19	20
②	②	③	②	③	④	③	②	②	③
21	22	23	24	25	26	27	28	29	30
①	④	②	④	①	①	③	①	④	③
31	32	33	34	35	36	37	38	39	40
④	④	②	④	④	②	④	④	④	②
41	42	43	44	45	46	47	48	49	50
②	①	①	③	②	④	③	④	③	④
51	52	53	54	55	56	57	58	59	60
③	①	④	①	①	③	①	④	②	③

01 고대 이집트는 상류층은 짙은 색, 하류층은 옅은 색 사용

03 MSDS란 화학물질을 안전하게 사용하고 관리하는 데 필요한 정보를 기재한 것

05 엄지손가락이 기절골 말 절골로 2개 나머지 손가락이 기절골, 중 절골, 말 절골 3개씩 총 14개의 뼈로 구성

07 진피는 교원섬유(콜라겐) 조직과 탄력섬유(엘라스틴) 및 뮤코다당류로 구성

09 습진은 피부가 건조해지거나 갈라지고 허물이 벗겨지는 증상을 보임

10 피부는 보호 기능, 체온조절기능, 비타민 D합성 기능, 저장기능, 호흡작용, 감각 및 지각기능을 한다.

11 민감성 피부의 특징
- 어떤 물질에 대한 큰 반응을 일으킴
- 모공이 거의 보이지 않음
- 알레르기 등의 피부 트러블이 자주 발생
- 바람을 맞으면 얼굴이 빨개지고 자주 건조해짐

13 E.O가스는 이산화탄소나 프레온을 혼합하여 사용해야 폭발 위험성을 감소시킬 수 있음

14 태선화란 장시간의 자극으로 인하여 코끼리 피부처럼 피부가 거칠고 두꺼워지는 현상

15 팽진, 종양, 반점은 원발진에 해당

16 디프테리아 - 제1급, 파상풍 - 제3급, 신종 인플루엔자 - 제1급

17 개달물(fomites)이란 감염의 형태로 물, 우유, 식품, 공기, 토양을 제외한 모든 비활성 매체(의복, 침구, 완구, 책, 수건 등)에 의한 감염을 의미

19 DPT : 디프테리아(diphtheria) 백일해(pertussis) 파상풍(tetanus)을 의미

21 3급 감염병은 24시간 이내에 신고해야 함

22 석탄산은 세균의 단백질을 응고시키거나 변성시켜서 살균하므로 의류, 용기 등의 소독에 적합

23 여과멸균법은 열이나 화학약품을 사용하지 않고 여과기를 이용하여 세균을 제거

24 일반적으로 수건은 끓는 물을 이용한 자비소독이 적합

26 영업소 외의 장소에서 업무를 행할 시
    1차 위반 – 영업정지 1개월
    2차 위반 – 영업정지 2개월
    3차 위반 – 영업장 폐쇄 명령

27 다수가 이용하는 위생관리에 관한 사항을 규정함으로 위생 수준을 향상시켜 국민의 건강증진에 기여함이 목적

30 기능성 화장품은 미백, 주름 개선, 자외선으로부터 피부보호, 모발의 색상 변화나 제거 또는 영양공급에 도움을 주는 제품들이 속함

33 면역강화, 항염작용, 향균작용, 피부미용, 피부 진정, 혈액순환 촉진 등의 효능이 있음

35 계면활성제는 표면장력을 감소시키는 역할을 한다.

36 자외선 차단제는 일광에 노출되기 전에 바르는 것이 효과적

37 스퀘어의 파일링 각도는 90°

39 손톱의 구조 : 조체, 조근, 자유연(프리에지), 옐로우라인(스마일라인), 스트레스 포인트

40 • 손톱 밑의 구조 : 조상(네일 베드), 조모(네일매트릭스), 반월(루눌라)
    • 손톱 주위의 피부 : 조소피, 조주름, 조구(네일그루브), 조벽, 상조피, 조상연, 하조피

42 교조증은 인조네일 시술을 통하여 습관을 없애는 데 도움

43 내일 표백제는 20%의 과산화수소수와 레몬산을 사용 피부에 닿지 않게 도포

44 수인성 감염병 : 콜레라, 장티푸스, 이질, 파라티프스. 소아마비 등

46 • 오니콕시스(조갑 비대증) : 네일의 과도한 성장으로 인해 두꺼워지는 현상
    • 행네일(거스러미네일) : 네일의 가장자리가 갈라지는 현상
    • 에그쉘네일(조연화증) : 네일이 하얗게 되어 네일 끝이 휘어지는 현상

47 큐티클은 감염과 세균으로부터 매트릭스를 밀봉하여 보호하는 역할을 함

48 오벌형은 손톱 사이드에서 중앙으로 15~30° 각을 주고 파일링을 한다.

50 리페어란 외부의 자극에서 손상된 네 일을 개선해 원래 상태로 회복시켜 주는 것

51 모노머란 작은 구슬 형태의 물질로 아크릴 시술 시 폴리머와 믹스하여 사용, 아크릴을 빨리 굳게 하기 위해서는 카탈리스트 사용

52 • 자연네일 :180~250사용
    • 인조네일 : 120~180사용
    • 아크릴네일 : 80~100사용

53 파일의 그릿 수가 높을수록 부드럽다.

56 • Back : 길이를 정리하거나 아크릴 볼의 움직임을 멈출 때 눌러서 사용
    • Belly : 브러시의 중간 부분으로 전체적인 균형을 맞추기 위해 사용
    • Tip : 큐티클 라인, 스마일 라인 등 세밀한 디자인 작업 시 사용

58 세균성 이질은 소화기계 감염병에 해당

60 영업소 이외의 장소에서 미용할 수 있는 경우
    • 질병 등의 이유로 영업소에 방문할 수 없는 자
    • 혼례나 그 밖의 행사 참여자에게 행사 직전 미용을 하는 경우
    • 사회복지시설에서 미용하는 경우
    • 촬영에 참여하는 사람에 대하여 촬영 직전에 미용하는 경우
    • 특별한 사정이 있다고 하여 시장·군수·구청장이 정하는 경우

모의고사 제2회

01 우리나라 최초의 네일샵이 개설된 년도는?

① 1988 ② 1980
③ 1995 ④ 1997

02 다음 중 손톱의 기능에 속하지 않은 것은?

① 손끝과 발끝 보호
② 물건을 잡는 기능
③ 방어와 공격 기능
④ 흡수 기능

03 네일 루트에 대한 설명 중 옳은 것은?

① 매트릭스라고도 한다.
② 손톱의 끝부분이다.
③ 손톱의 세포가 만들어진다.
④ 흰색의 반달 모양

04 다음 손톱의 이상 상태가 잘못 설명된 것은?

① 행 네일 : 건조한 손톱, 거스러미 네일
② 조백반증 : 손톱의 흰 반점
③ 조갑위축증 : 손톱을 물어뜯어 없어지는 현상
④ 스푼형 네일 : 네일의 한가운데가 움푹 패여 있는 형태

05 다음 중 네일 숍에서 시술이 가능한 손톱은?

① 표피조막증 ② 조갑진균증
③ 조갑주위염 ④ 조갑구만증

06 네일의 끝부분의 색상의 벗겨짐을 방지하기 위하여 바르는 컬러링의 종류는 어느 것인가?

① 헤어라인 팁 ② 슬림라인
③ 프렌치 ④ 프리에지

07 조근에 대한 설명 중 맞는 것은?

① 신경이나 혈관이 없으며, 산소를 필요로 하지 않는다.
② 매트릭스와 네일 베드가 만나는 부분이다.
③ 손톱의 세포를 만들어낸다.
④ 네일 바디를 받치고 있는 부분

08 종양 세포나 바이러스에 감염된 세포를 자발적으로 죽이며, 작은 림프구 모양의 세포는?

① 자연살해 세포 ② 랑게르한스 세포
③ 섬유아세포 ④ 머켈 세포

09 피부 노화 인자 중 외부인자가 아닌 것은?

① 건조 ② 나이
③ 자외선 ④ 산화

10 실크 익스텐션 시술 시 주의사항으로 맞는 것은?

① 필러는 한 번에 많이 뿌려 입체감을 준다.
② 글루드라이는 가까이서 뿌려야 빨리 마른다.
③ 실크 재단 시 최대한 큐티클 라인까지 재단한다.
④ 충분한 두께가 나온 후 글루드라이를 분사하고 핀칭을 주어 C커브가 나올 수 있도록 한다.

11 젤 네일의 특징에 대한 설명으로 옳지 않은 것은?

① 젤 제거 시 자연네일에 손상을 줄 수 있다.
② 시술 시간이 오래 걸리는 단점이 있다.
③ 아세톤에 잘 녹지 않는다.
④ 작업 시 수정이 용이하다.

12 다음 중 가장 이상적인 피부의 pH 범위는?

① pH 3.5~4.5 ② pH 4.5~5.5
③ pH 6.5~7.2 ④ pH 7.5~8.2

13 세정작용과 기포형성 작용이 우수하여 비누, 샴푸 등에 주로 사용되는 계면활성제는?

① 양이온성 계면활성제
② 음이온성 계면활성제
③ 비이온성 계면활성제
④ 양쪽성 계면활성제

14 인체의 표면이나 각 기관을 모두 덮는 막성 조직은?

① 결합조직 ② 근육조직
③ 신경조직 ④ 상피조직

15 손가락 사이를 붙지 않도록 벌어지는 작용하는 근육은?

① 외전근 ② 내전근
③ 장근 ④ 대립근

16 다음 중 피부의 기능에 속하지 않는 것은?

① 호흡작용 ② 운반작용
③ 체온조절기능 ④ 분비, 배설기능

17 다음 중 손과 입술이 갈라지는 것을 무엇이라 하는가?

① 대수포　② 궤양
③ 균열　④ 종양

18 피부에 색소 형성 세포가 가장 많이 존재하고 있는 층은?

① 각질층　② 유극층
③ 과립층　④ 기저층

19 피부에서 피지의 기능에 속하지 않는 것은?

① 피부의 항상성 유지
② 살균작용
③ 열 발산 방지작용
④ 유독물질 배출작용

20 피부의 각화 과정에 관한 설명 중 옳은 것은?

① 피부가 손톱이나 발톱으로 딱딱하게 변하는 것을 말한다.
② 피부 위쪽으로 올라와 피부 밖으로 떨어져 나가는 현상을 말한다.
③ 기저세포 중의 멜라닌 색소가 많아져서 피부가 검게 되는 것을 말한다.
④ 피부가 거칠어져서 주름이 생겨 늙는 것을 말한다.

21 대상포진의 특징에 대한 설명으로 옳은 것은?

① 지각신경 분포를 따라 군집 수포성 발진이 생기며 통증이 동반된다.
② 진균성 피부 질환이다.
③ 전염되지 않는다.
④ 입술 주위에 주로 생기는 수포성 질환이다.

22 화장품에서 요구되는 4대 품질 특성에 해당하지 않는 것은?

① 안전성　② 사용성
③ 안정성　④ 보호성

23 한 국가나 지역사회의 보건 수준을 평가하는 가장 대표적인 지수는?

① 일반사망률　② 출생률
③ 영아사망률　④ 인구증가율

24 눈의 보호를 위해 가장 좋은 조명 방법은?

① 직접조명　② 간접조명
③ 반간접조명　④ 반직접조명

25 화장품의 4대 요건 중 [피부에 대해 자극, 알레르기, 독성이 없어야 한다.]는 무엇에 관한 설명인가?

① 안전성　　② 사용성
③ 안정성　　④ 보호성

26 다음 실내 공기 오염의 지표로 사용되는 것은?

① 이산화탄소　　② 일산화탄소
③ 아황산가스　　④ 수소

27 예방접종을 통하여 획득되는 면역의 종류는?

① 인공능동면역　　② 인공수동면역
③ 자연능동면역　　④ 자연수동면역

28 모기를 매개 곤충으로 하여 일으키는 질병이 아닌 것은?

① 말라리아　　② 사상충
③ 일본뇌염　　④ 발진티푸스

29 전염병 감염 후 얻어지는 면역은?

① 자연능동면역　　② 자연수동면역
③ 인공능동면역　　④ 인공수동면역

30 소독약을 보관할 때 적당한 곳은?

① 일광이 비치는 곳　　② 냉암소
③ 어두운 곳　　④ 건조한 곳

31 네일 숍에서 행하는 소독법으로 잘못 설명된 것은?

① 기구, 도구의 살균 및 소독은 필수적인 행위이다.
② 도구 소독제로 알코올 30%, 물 70%의 희석액을 사용한다.
③ 핑거볼은 일회용을 사용하거나 소독 후 사용한다.
④ 니퍼, 푸셔, 클리퍼는 자외선 소독기에 넣어 2시간 이상 소독한다.

32 수인성 감염병이 아닌 것은?

① 폐흡충증　　② 이질
③ 콜레라　　④ 장티푸스

33 백일해, 디프테리아, 결핵 등의 질병을 유발 시키는 것은?

① 나선균　　② 구균
③ 쌍구균　　④ 간상균

34 소독의 정의로서 옳은 것은?

① 모든 미생물 일체를 사멸하는 것
② 모든 미생물을 열과 약품으로 완전히 죽이거나 제거하는 것
③ 병원성 미생물의 생활력을 파괴하여 감염력을 없애는 것
④ 균을 적극적으로 죽이지 못하더라도 발육을 저지하고 목적하는 것을 변화시키지 않고 보존하는 것

35 건열멸균법으로 적당한 온도와 시간은?

① 120℃, 1~2시간
② 140℃, 3~4시간
③ 150℃, 5~6시간
④ 160~170℃, 1~2시간

36 다음 병원균 중 자비소독으로 사멸되지 않는 것은?

① 아메바성   ② 아포 형성균
③ 살모넬라균 ④ 결핵균

37 공중위생업의 승계에 관해 잘못 설명한 것은?

① 공중위생업의 신고를 한 자가 그 공중위생업을 양도하거나 사망할 때 양수인, 상속인이 지위를 승계한다.
② 이·미용업의 경우 면허를 소지한 자에 한하여 승계할 수 있다.
③ 법인의 합병이 있으면 합병 후 존속하는 법인이나 합병으로 설립되는 법인은 그 공중위생업자의 지위를 승계한다.
④ 공중위생업자의 지위를 승계한 자는 1월 이내에 시장·군수 또는 구청장에게 신고하여야 한다.

38 공중위생 영업소의 위생 서비스 평가 계획을 수립하여야 하는 자는?

① 행정자치부 장관   ② 보건복지부 장관
③ 시·도지사   ④ 시장·군수·구청장

39 다음 중 이·미용사의 면허를 받을 수 있는 자는?

① 공중의 보호에 지장을 주지 않은 전염병 환자
② 외국의 미·이용학원에서 2년 이상 기술을 습득한 자
③ 피성년후견인
④ 면허가 취소된 후 10개월이 경과 된 자

40 행정 처분 사항 중 1차 처분이 영업장 폐쇄 명령에 속하는 것은?

① 시설 및 설비기준 위반 시
② 영업자의 지위를 승계한 후 1개월 이내 미신고 시
③ 피부 미용을 위해 의료기기를 사용하거나 의료행위 시
④ 영업 정지 처분을 받고 그 기간 중 영업 시

41 이·미용업소의 조명시설은 얼마 이상이어야 하는가?

① 50룩스　　② 75룩스
③ 100룩스　④ 130룩스

42 다음 중 이·미용사의 면허를 받을 수 있는 사람은?

① 전과기록이 있는 전과자
② 피성년후견인
③ 경미한 정신 질환자
④ 마약, 기타 대통령령으로 정하는 약물 중독자

43 이·미용사의 면허를 받지 아니한 자가 미용업을 개설하거나 그 업무에 종사할 경우 행정 처분으로 옳은 것은?

① 300만 원 이하의 벌금
② 500만 원 이하의 벌금
③ 6월 이하의 징역 또는 500만 원 이하의 벌금
④ 1년 이하의 징역 또는 1천만 원 이하의 벌금

44 천연보습인자에 해당하지 않는 것은?

① 아미노산　　② 암모니아
③ 젖산　　　　④ 글리세린

45 다음 중 화장품의 원료와 효과가 올바르게 연결된 것은?

① 콜라겐 - 미백
② 솔비톨 - 보습작용 및 유연 작용
③ 알부틴 - 피지 분비 저해
④ 레티노산 - 지방 분해

46 화장품의 4대 요건에 대한 설명으로 틀린 것은?

① 안전성 - 피부에 대한 자극, 알레르기, 독성이 없어야 한다.
② 안정성 - 장기보관 시 미생물 오염이 없으면 변색은 무관하다.
③ 사용성 - 피부에 사용 시 손놀림이 쉽고, 잘 스며들어야 한다.
④ 유효성 - 피부에 보습, 노화 억제, 자외선 차단, 미백 등의 효과가 있어야 한다.

47 기초화장품의 사용 목적으로 옳은 것은?

① 피부를 곱게 손질하여 다듬어 주는 것이다.
② 자외선으로부터 피부를 보호해 주는 것이다.
③ 진성주름을 완화시켜준다.
④ 진피층에 있는 콜라겐 섬유의 형성을 도와준다.

48 아로마 오일에 대한 설명 중 틀린 것은?

① 아로마 오일은 면역기능을 높여준다.
② 아로마 오일은 감기, 피부미용에 효과적이다.
③ 아로마 오일은 피부관리는 물론 화상, 여드름, 염증 치료에도 쓰인다.
④ 아로마 오일은 피지에 쉽게 용해되지 않으므로 다른 첨가물을 혼합하여 사용한다.

49 모든 피부 유형에 적합하며, 여드름 습진 건선 피부에 사용할 수 있는 오일은?

① 호호바 오일
② 아보카도 오일
③ 윗점 오일
④ 살구씨 오일

50 다음 중 기능성 화장품에 속하지 않는 것은?

① 피부의 미백에 도움을 주는 제품
② 자외선으로부터 피부를 보호해 주는 제품
③ 피부 주름 개선에 도움을 주는 제품
④ 피부 여드름 치료에 도움을 주는 제품

51 네일 시술 시 피가 났을 때 멈추게 하는 방법으로 가장 적절한 것은?

① 손으로 지그시 누른다.
② 수렴제를 바르고 누른다.
③ 70%의 알코올에 담근다.
④ 흐르는 물에 씻는다.

52 인조네일 시술 시 네일 팁과 팁 턱을 효과적으로 메워 줄 수 있는 제품은?

① 필러파우더
② 젤 글루
③ 화이버 글라스
④ 엑티베이터

53 다음 중 아크릴 네일 사용 시 카탈리스트의 사용 목적은?

① 핀칭 작업 시 균일한 각도로 작업하기 위해
② 강화 과정의 속도를 촉진시키기 위해
③ 네일과의 접착 강도를 위해
④ 네일 표면의 기복을 매끄럽게 정리하기 위해

54 다음 영양소 중 인체의 생리적 조절 작용에 관여하는 것은?

① 단백질
② 지방
③ 탄수화물
④ 비타민

55 다음 중 네일 보강제의 종류가 아닌 것은?

① 프로틴 하드너
② 나일론 섬유
③ 에틸아세테이트
④ 포름알데히드 보강제

56 고객이 인조네일을 시술받은 후 얼마만에 보수 관리를 받아야 적당한가?

① 3~4일마다
② 1~2주마다
③ 3~4주마다
④ 자연 네일이 다 성장할 때까지

57 다음 중 (   )안에 적합한 용어는?

공중위생관리법상 "미용업"의 정의는 손님의 얼굴, 머리, 피부 등을 손질하여 손님의 (   )를(을) 아름답게 꾸미는 영업이다.

① 신체   ② 외양
③ 모습   ④ 외모

58 아크릴 네일 시술 후 펑거스가 생기는 원인으로 맞는 것은?

① 아크릴 두께가 얇은 경우
② 프라이머의 산성이 약화되어 있는 경우
③ 불순물이 첨가된 아크릴을 사용했을 경우
④ 보수 작업 시기를 지키지 않았을 경우

59 공중위생영업의 신고를 하고자 하는 경우 필요한 첨부서류가 아닌 것은?

① 면허증 사본
② 교육 필증
③ 이·미용사 자격증
④ 영업 시설 및 설비개요소

60 면허증을 분실한 경우 누구에게 재교부 신청을 해야 하는가?

① 보건복지부 장관
② 시·도지사
③ 시장·군수·구청장
④ 각 지부의 협회장

제2회 정답 및 해설

1	2	3	4	5	6	7	8	9	10
①	④	③	③	①	①	③	①	②	④
11	12	13	14	15	16	17	18	19	20
②	②	②	④	①	②	③	④	③	②
21	22	23	24	25	26	27	28	29	30
①	④	③	②	①	①	①	④	①	②
31	32	33	34	35	36	37	38	39	40
②	①	④	③	④	②	③	③	①	④
41	42	43	44	45	46	47	48	49	50
②	①	①	④	②	②	①	④	①	④
51	52	53	54	55	56	57	58	59	60
②	①	②	④	③	②	④	④	③	③

01 1988년 이태원에 최초의 그리피스 전문 네일샵 개설

02 손톱의 역할 : 외부 자극으로부터 보호, 장식적 기능, 방어와 공격의 기능 등

03 네일 루트(조근) : 새로운 세포가 만들어져 손톱의 성장이 시작되는 곳

04 조갑위축증 : 손톱이 어둡고 윤기가 없으며, 오므라들면서 떨어져 나가는 증상

05 표피조막증 : 큐티클이 과잉성장 되어 네일 판을 덮는 현상으로 큐티클을 부드럽게 한 후 제거하고 핫오일 매니큐어를 시술함

06 헤어라인 팁 : 네일 전체를 컬러링한 후 벗겨지기 쉬운 프리에지 단면 부분을 약 1.5mm 지우는 기법

07 네일 루트(조근) : 새로운 세포가 만들어져 손톱의 성장이 시작되는 곳

08 자연사해세포는 바이러스에 감염된 세포나 암세포를 직접 파괴하는 면역세포로 간이나 골수에서 생성

09 나이에 따라 피부가 노화하는 것은 내인성 노화에 해당

10
- 필러파우더를 많이 뿌리면 뭉치거나 건조가 잘되지 않으므로 여러 번에 걸쳐 도포
- 글루 드라이는 15~20cm 띄우고 분사
- 실크는 큐티클 아래 1.5mm 정도 띄우고 재단

11 젤 네일은 시술이 용이하여 작업시간이 단축

13 음이온성 계면활성제는 세정작용 및 기포 형성이 우수하여 비누나 클렌징폼 등에 사용

14 상피조직은 다른 조직을 보호하기 위해 상피세포들이 기저막에 단단히 부착되어 있고, 상피세포들끼리도 서로 연결되어 완전한 세포층을 형성해야 함

15 외전근은 무지외전근과 소지외전근으로 분류되며, 손가락 사이를 벌어지게 하는 근육

16 피부는 보호기능, 체온조절기능, 비타민 D 합성기능, 저장기능, 호흡작용, 배설기능, 감각 및 지각기능을 함

18 기저층은 원주형의 세포가 단층으로 이어져 있으며 각질형성세포와 색소형성세포가 존재

19 피지는 피부의 항상성 유지, 피부보호, 유독물질 배출작용, 살균작용 등을 함

20 피부세포가 기저층에서 각질층까지 분열되어 올라가 죽은 각질 세포로 되는 현상을 의미

21 대상포진은 지각신경 분포를 따라 군집 수포성 발진이 생기고 통증이 동반되며, 높은 연령층에서 발생 빈도가 높다.

22 화장품의 4대 조건 : 안전성, 안정성, 사용성, 유효성

23 한 국가나 지역사회 간의 보건 수준을 비교하는데 사용되는 3대 지표 : 영아사망률, 비례사망지수, 평균수명

25 피부에 대해 자극, 알레르기, 독성이 없어야 한다는 안전성에 관한 내용

28 발진티푸스는 이를 매개로 하는 감염병

30 냉 암소 : 열과 빛을 동시에 차단할 수 있는 장소

32 수인성 감염병 : 이질, 콜레라, 장티푸스, 파라티푸스, 소아바미 등

33 간상균이란 막대 모양으로 생긴 분열균으로 결핵균, 대장균, 디프테리아균, 백일해균, 페스트균 등

35 건열멸균법이란 160~170℃의 건열멸균기에 1~2시간 동안 멸균하는 방법

41 이·미용소의 조명시설은 75룩스 이상이어야 함

42 전과기록이 있는 자는 결격 사유에 해당되지 않음

43 300 이하의 벌금형
- 다른 사람에게 미용사 면허증을 빌려주거나 빌린 사람
- 미용사 면허증을 빌릴 수 있게 알선한 사람
- 면허의 취소 또는 정지 중에 미용업을 한 사람
- 면허를 받지 아니한 자가 미용업을 개설하거나 그 업무에 종사할 경우

44 천연보습인자(NMF) : 아미노산, 젖산, 요소, 지방산, 암모니아 등

45
- 콜라겐 : 빛이나 열에 쉽게 파괴되며, 수분 보유 및 결합 능력이 우수
- 알부틴 : 미백작용을 하며, 티로시아제 효소의 작용을 억제
- 레티노산 : 비타민 A 유도체

46 안정성이란 변색, 변취, 미생물의 오염이 없어야 함

48 아로마오일은 혹시 있을지 모를 피부 자극과 부작용을 최소화하고, 표피침투 및 흡수를 효과적으로 하기 위해 캐리어오일에 희석하여 사용한다.

49
- 호호바오일 : 여드름, 습진, 건선피부에 사용, 모든 피부에 사용
- 아보카도오일 : 비만 관리용으로 사용
- 윗점오일 : 습진, 건선, 가려움증에 사용
- 살구씨오일 : 민감성 피부에 적합하며, 습진 가려움에 사용

51 수렴제란 피부나 점막의 국소에 작용하여 단백질을 응고시키거나 혈관을 수축시켜 지혈하는 약제

52 팁 시술 시 필러파우더를 이용하여 팁 턱의 단차를 메워 줌

53 카탈리스트는 아크릴 작업 시 빨리 굳게 하는 작용을 함

54 무기질, 비타민, 물은 인제의 조절작용에 관여

55 에틸아세테이트는 베이스 코트의 주요성분

59 공중위생영업 신고 시 첨부서류 : 영업시설 및 설비개요서, 교육 필증, 면허증

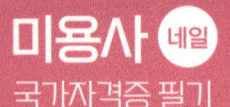

모의고사 제3회

01 한 국가 간 지역사회 간의 보건 수준을 비교하는데 사용되는 대표적인 3대 지표는?

① 영아사망률, 비례사망지수, 평균수명
② 유아사망률, 조사망률, 평균수명
③ 비례사망지수, 신생아사망률, 평균수명
④ 신생아사망률, 조사망률, 영아 사망률

02 손톱 주위를 덮고 있는 신경이 없는 부분으로 병균이나 미생물의 침입으로부터 보호하는 역할을 하는 피부는?

① 네일 월   ② 큐티클
③ 이포니키움   ④ 네일 폴드

03 손톱의 성장 속도가 빠른 순서로 나열한 것 중 옳은 것은?

① 중지 - 검지 - 엄지 - 약지 - 소지
② 검지 - 중지 - 엄지 - 약지 - 소지
③ 중지 - 검지 - 약지 - 엄지 - 소지
④ 검지 - 약지 - 엄지 - 중지 - 소지

04 손을 대상으로 하는 제품 중 알코올을 주 베이스로 하며, 청결 및 소독을 주된 목적으로 하는 제품은?

① 핸드워시   ② 새니타이저
③ 비누   ④ 아세톤

05 형태에 따른 분류에서 단골에 해당하는 것은?

① 수근골   ② 견갑골
③ 늑골   ④ 상완골

06 뇌 신경과 척수신경은 각각 몇 쌍인가?

① 뇌 신경 - 12, 척수신경 - 31
② 뇌 신경 - 11, 척수신경 - 31
③ 뇌 신경 - 12, 척수신경 - 30
④ 뇌 신경 - 11, 척수신경 - 30

07 다음 중 원발진으로만 짝지어진 것은?

① 동상, 궤양   ② 색소침착, 찰상
③ 농포, 수포   ④ 티눈, 흉터

08 다음 중 자외선이 피부에 미치는 영향이 아닌 것은?

① 색소침착   ② 살균 효과
③ 홍반 형성   ④ 비타민 A 합성

09 우리 피부의 세포가 기저층에서 생성되어 각질 세포로 변화하여 피부 표면으로부터 떨어져 나가는데 걸리는 기간은?

① 대략 60일 ② 대략 28일
③ 대략 120일 ④ 대략 280일

10 체내에 부족하면 괴혈병을 유발하며, 빈혈을 일으켜 피부를 창백하게 하는 것은?

① 비타민 A ② 비타민 B_2
③ 비타민 C ④ 비타민 K

11 잠함병의 직접적인 원인은?

① 혈중 이산화탄소의 농도 증가
② 혈중 산소의 농도 증가
③ 혈중 일산화탄소의 농도 증가
④ 체액 및 혈액 속의 질소 기포 증가

12 음용수의 일반적인 오염지표로 사용되는 것은?

① 탁도 ② 일반세균수
③ 대장균수 ④ 경도

13 생물학적 산소요구량(BOD)과 용존산소량(DO)의 값은 어떤 관계가 있는가?

① BOD와 DO는 무관하다.
② BOD가 낮으면 DO는 낮다.
③ BOD가 높으면 DO는 낮다.
④ BOD가 높으면 DO도 높다.

14 네일의 역사에 관해 서술한 것 중 거리가 가장 먼 것은?

① 고대에는 손톱 매니큐어를 남성 전유물로 여겼다.
② 네일 기술은 약 5,000년 경에 걸쳐 변화하였다.
③ 최초의 네일케어는 B.C 3,000년 경에 이집트와 중국에서 시작되었다.
④ B.C3,000년경 중국에서는 벌꿀과 달걀흰자, 아라비아고무나무 수액을 사용하였다.

15 콜라겐 엘라스틴이 주성분으로 이루어진 피부 조직은?

① 표피 상층 ② 표피 하층
③ 진피조직 ④ 피하조직

16 손톱이 세로로 갈라지며 찢어지는 네일 질환은?

① 오니코렉시스 ② 오니콕시스
③ 행 네일 ④ 테리지움

17 이·미용 영업과 관련된 청문을 시행하여야 할 상황에 해당하는 것은?

① 폐쇄 명령을 받은 후 재개업을 하려 할 때
② 공중 위생영업의 일부 시설의 사용중지 처분을 하고자 할 때
③ 과태료를 부과하려 할 때
④ 영업소의 간판 기타 영업표지물을 제거 처분하려 할 때

18 골격에 대한 설명 중 옳지 않은 것은?

① 인체의 골격은 약 206개의 뼈로 구성되어 있다.
② 기관이 둘러싸서 내부 장기를 외부의 충격으로부터 보호한다.
③ 체중의 약 20%를 차지하며 골, 연골, 관절 및 인대를 총칭한다.
④ 골격에서는 혈액세포를 생성하지 않는다.

19 척추에 대한 설명 중 옳지 않은 것은?

① 경추12개, 흉추7개, 요추5개, 천골1개, 미골1개로 구성된다.
② 머리와 몸통을 움직일 수 있게 한다.
③ 척수를 뼈로 감싸면서 보호한다.
④ 성인의 척추는 4개의 만곡이 있다.

20 다음 중 네일 샵에서 서비스할 수 없는 네일 질환은?

① 멍든손톱　　② 계란껍질네일
③ 발고랑네일　④ 조갑염

21 건강한 손톱의 특징이 아닌 것은?

① 핑크빛을 띠고 부드러운 곡선을 가진 손톱
② 염증이나 세균 감염이 없는 손톱
③ 25~30%의 수분을 함유한 손톱
④ 네일 베드에 단단히 부착되어 있는 손톱

22 아세톤이나 알코올 등을 담아 펌프식으로 사용할 수 있는 기구의 명칭은?

① 디펜디쉬　　② 스포이드
③ 디스펜서　　④ 각탕기

23 인수공통 점염병에 해당하는 것은?

① 천연두　　　② 콜레라
③ 디프테리아　④ 공수병

24 임신 초기에 감염되어 태아에게 백내장, 농아 출산의 원인이 되는 질환은?

① 신장질환　　② 뇌질환
③ 풍진　　　　④ B형 간염

25 다음 중 특별한 장치를 설치하지 아니한 일반적인 경우에 실내의 자연적인 환기에 가장 큰 비중을 차지하는 요소는?

① 실내외 공기 중 이산화탄소의 함량 차이
② 실내외 공기의 기온 차이 및 기류
③ 실내외 공기의 습도 차이
④ 실내외 공기의 불쾌지수 차이

26 다음 중 접촉 감염지수(감수성 지수)가 가장 높은 질병은?

① 홍역　　　　② 소아마비
③ 디프테리아　　④ 성홍열

27 윈슬로우의 공중보건학 정의로 가장 적합한 것은?

① 질병예방, 생명연장, 신체적·정신적 효율을 증진시키는 기술이며 과학이다.
② 질병예방, 생명유지, 조기치료에 주력하는 기술이며 과학이다.
③ 질병예방, 조기예방, 신체적·정신적 효율을 증진시키는 기술이며 과학이다.
④ 질병예방, 조기예방, 건강증진에 주력하는 기술이며 과학이다.

28 건강보균자를 설명한 것으로 가장 적절한 것은?

① 감염병에 발병되어 앓고 있는 자
② 감염병에 걸러다가 완전히 치유된 자
③ 감염병에 걸렸지만 자각증상이 없는 자
④ 병원체를 보유하고 있으나 증상이 없으며 체외로 이를 배출하고 있는 자

29 질병 발생의 3대 요인이 옳게 구성된 것은?

① 병인, 숙주, 환경
② 숙주, 감염력, 환경
③ 감염력, 연령, 인종
④ 병인, 환경, 감염력

30 결핵 환자의 객담 처리방법 중 가장 효과적인 것은?

① 알코올 소독　　② 소각법
③ 크레졸 소독　　④ 매몰법

31 다음 중 소독약품의 적정 희석농도가 틀린 것은?

① 석탄산 3%　　② 승홍 0.1%
③ 알코올 70%　　④ 크레졸 0.3%

32 병원성 또는 비병원성 미생물 및 아포를 가진 것을 전부 사멸 또는 제거하는 것을 무엇이라 하는가?

① 멸균 ② 소독
③ 방부 ④ 정균

33 기생충과 중간숙주의 연결이 틀린 것은?

① 광절열두조충증 - 물벼룩, 송어
② 유구조충증 - 오염된 풀, 소
③ 폐흡충증 - 민물게, 가재
④ 간흡충증 - 왜우렁이, 잉어

34 다음 중 소독에 영향을 가장 적게 미치는 인자는?

① 온도가 높을수록
② 소독범위의 대기압이 높을수록
③ 농도가 높을수록
④ 유기물질이 많을수록

35 다음 중 넓은 지역의 방역용 소독제로 적당한 것은?

① 석탄산 ② 알코올
③ 과산화수소 ④ 역성비누액

36 소독 방법 중 완전 멸균으로 가장 빠르고 효과적인 소독법은?

① 자외선소독법 ② 건열멸균법
③ 고압증기멸균법 ④ 간헐멸균법

37 다음 중 산소가 없는 곳에서만 증식하는 균은?

① 디프테리아균 ② 결핵균
③ 백일해균 ④ 파상풍균

38 영업정지처분을 받고 그 영업정지 기간 중 영업을 한때에 대한 1차 위반 시 행정처분 기준은?

① 영업정지 10일 ② 영업정지 20일
③ 영업정지 1월 ④ 영업장 폐쇄명령

39 이·미용사는 영업소 외의 장소에서 이·미용 업무를 할 수 없다. 그러나 특별한 사유가 있는 경우에는 예외가 인정되는데 다음 중 특별한 사유에 해당되지 않는 것은?

① 질병으로 영업소까지 나올 수 없는 자에 대한 이·미용
② 혼례 기타 의식에 참여하는 자에 대하여 그 의식 직전에 행하는 이·미용
③ 긴급히 국외에 출타하려는 자에 대한 이·미용
④ 시장·군수·구청장이 특별한 사정이 있다고 인정하는 경우에 행하는 이·미용

40 미용사의 업무가 아닌 것은?

① 파마
② 면도
③ 헤어커트
④ 손톱손질

41 대부분 O/W형 유화 타입이며, 오일 양이 적어 여름철에 많이 사용하고 젊은 연령층이 선호하는 파운데이션은?

① 크림 파운데이션
② 파우더 파운데이션
③ 트윈 케이크
④ 리퀴드 파운데이션

42 향수의 구비요건으로 옳지 않은 것은?

① 향의 휘발성이 강할 것
② 시대성에 부합하는 향일 것
③ 향의 지속성이 강할 것
④ 향의 특징이 있을 것

43 클렌징크림의 설명에 맞지 않는 것은?

① 메이크업 화장을 지우는데 사용한다.
② 클렌징 로션보다 유성 성분 함량이 적다.
③ 피지나 기름때와 같이 물에 잘 닦이지 않는 오염물을 닦아 내는 데 효과적이다.
④ 깨끗하고 촉촉한 피부를 위해서 비누로 세정하는 것보다 효과적이다.

44 화장품 성분 중에서 양모에서 정제한 것은?

① 바셀린
② 밍크오일
③ 플라센타
④ 라놀린

45 전동 드릴머신의 장점이 아닌 것은?

① 작업시간의 단축
② 파일보다 세밀한 작업 가능
③ 미세한 부분의 작업에는 부적합
④ 네일리스트의 피로 감소

46 비트가 1분에 회전하는 횟수를 뜻하는 용어는?

① HIV
② RPM
③ MDM
④ DOD

47 이상적인 소독제의 구비조건과 거리가 먼 것은?

① 생물학적 작용을 충분히 발휘할 수 있어야 한다.
② 빨리 효과를 내고 살균 소요시간이 짧을수록 좋다.
③ 독성이 적으면서 사용자에게도 자극성이 없어야 한다.
④ 원액 혹은 희석된 상태에서 화학적으로는 불안정된 것이라야 한다.

48 매니큐어 시술에 관한 내용 중 틀린 것은?

① 큐티클 리무버, 오일 등을 이용하여 큐티클 부드럽게 만든다.
② 탑코트를 도포하여 유색 폴리시가 더 오래 가도록 한다.
③ 큐티클은 죽은 각질 세포이므로 깨끗하게 잘라내는 것이 좋다.
④ 아세톤, 폴리시 리무버를 이용하여 유분기를 제거한다.

49 전체를 바른 후 손톱 끝 1.5mm 정도를 지워내는 컬러링 방법은?

① 슬림라인 매니큐어
② 프리에지 매니큐어
③ 헤어라인 팁 매니큐어
④ 프렌치 매니큐어

50 이·미용소에서 음란 행위를 알선 또는 제공 시 영업소에 대한 1차 위반 행정 처분은?

① 경고
② 영업정지 1개월
③ 영업정지 3개월
④ 영업장 폐쇄 명령

51 매니큐어 작업 시 발생할 수 있는 가벼운 출혈을 멈추기 위해 사용되는 재료는?

① 오일
② 안티셉틱
③ 연화제
④ 수렴제

52 향수의 유형에서 15~30%의 향료를 함유하고 지속시간이 6~7시간인 것은?

① 오데코롱
② 오데퍼퓸
③ 퍼퓸
④ 오데토일렛

53 네일 랩을 했을 경우 들뜸 현상이 일어나는 원인이 아닌 것은?

① 광택을 제대로 제거하지 않았을 경우
② 큐티클 주위에 글루가 묻었을 경우
③ 자연네일과 실크의 턱을 180Grit으로 매끄럽게 갈았을 경우
④ 손톱의 베이스는 너무 짧은데 인조네일 길이를 너무 길게 했을 경우

54 상수와 수도전에서의 적정한 유리 잔류 염소량은?

① 0.1ppm 이상
② 0.2ppm 이상
③ 0.5ppm 이상
④ 0.7ppm 이상

55 눈의 보호를 위해서 가장 좋은 조명 방법은?

① 간접조명　② 반간접조명
③ 직접조명　④ 반직접조명

56 아크릴릭 브러시 사용 시 미세한 작업, 스마일 라인, 큐티클 라인, 꽃 디자인 등 섬세한 작업을 필요로 할 때 사용하는 부분은?

① Flag　② Back
③ Belly　④ Tip

57 세균성 식중독의 특성이 아닌 것은?

① 다량의 균량이나 독소량이 발생한다.
② 대체로 잠복기다 길다.
③ 2차 감염률이 낮다.
④ 수인성 전파는 드물다.

58 보건행정의 관리과정 중 한 단계로 조직이나 기관의 공동목표 달성을 위한 조직원 또는 부서 간 협의, 회의, 토의 등의 통하여 행동 통일을 가져오도록 집단적인 노력을 하게 하는 "행정 활동"을 뜻하는 것은?

① 조정　② 기획
③ 지휘　④ 조직

59 일반적으로 손톱이 온전하게 재생되는 데에 드는 기간으로 옳은 것은?

① 1~2개월　② 3~4개월
③ 5~6개월　④ 7~8개월

60 다음의 위생 서비스 수준 평가에 관한 설명 중 맞는 것은?

① 평가 주기는 3년마다 실시한다.
② 위생관리 등급은 2개 등급으로 나뉜다.
③ 평가 주기와 방법, 위생관리등급은 대통령령으로 정한다.
④ 평가의 전문성을 높이기 위해 관련 전문기관이나 단체가 평가를 실시하게 할 수 있다.

제3회 정답 및 해설

1	2	3	4	5	6	7	8	9	10
①	②	③	②	①	①	③	④	②	③
11	12	13	14	15	16	17	18	19	20
④	③	③	①	③	①	②	④	①	④
21	22	23	24	25	26	27	28	29	30
③	③	④	③	②	①	①	④	①	②
31	32	33	34	35	36	37	38	39	40
④	①	②	②	①	③	④	④	③	②
41	42	43	44	45	46	47	48	49	50
④	①	②	④	③	②	④	③	③	③
51	52	53	54	55	56	57	58	59	60
④	③	③	②	①	④	②	①	③	④

01 한 국가나 지역사회 간의 보건 수준을 비교하는 데에는 영아사망률, 비례사망지수, 평균수명 3대 지표 사용

03 중지 – 검지 – 약지 – 엄지 – 소지의 순서로 성장

05 상완골은 장골에 속함

06 중추신경계에는 뇌와 척수가 있으며, 뇌와 척수에는 말초신경이 나온다. 뇌에서는 12쌍의 말초신경이 뻗어 나와 시신경, 후신경, 청신경, 안면신경 등 얼굴에서 어깨 위까지 퍼져있고 10번째는 내장기관으로 뻗는 데 이를 미주신경이라고 하고, 척수에서는 31쌍의 척수신경이 좌우로 뻗어 나와 몸통과 팔다리로 뻗는다.

07 원발진에는 반, 팽진, 구진, 결절, 수포, 농포, 낭종 등이 있음

09 표피는 피부의 가장 표면층에 해당하는 부분이며, 표피 세포는 약 4주의 교체 주기를 가지고 있음

11 잠함병(잠수병)은 고기압 상태에서 작업하는 잠수부들에게 흔히 나타나는 증상으로 체액 및 혈액 속의 질소 기포 증가가 주원인

14 로마와 그리스 시대에는 매니큐어가 남성의 전유물로 여겨짐

15 진피는 콜라겐 조직과 탄력적인 엘라스틴 섬유 및 뮤코다당류로 구성

16 오니코렉시스는 조갑종렬증이라고도 하며 손톱이 세로로 갈라지며 찢어지는 네일 질환

17 청문을 실시할 수 있는 경우
 • 미용사의면허 취소 시
 • 면허정지 및 영업정지 시
 • 시설 사용 중지 시
 • 영업폐쇄 명령 시

18 골격은 조혈 기능이 있어 골수에서 혈액을 생성

19 경추 7개, 흉추 12개, 요추 5개, 천추 1개, 미추 1개로 구성

21 건강한 손톱은 15~18%의 수분을 함유

25 자연 환기는 자연적으로 환기가 되는 것을

의미하며, 실내외의 기온차, 기류 등에 의해 이루어짐

26 감염지수란 감염자 한 명이 바이러스를 옮기는 환자 수를 뜻하는 지수

27 윈슬로우는 공중보건학이란 조직화된 지역사회의 질병을 예방하고 수명을 연장하며, 신체적·정신적 효율을 증진시키는 기술이며 과학이라고 정의

28 보균자의 종류
- 건강보균자 : 병원체를 보유하고 있으나 증상이 없으며 체외로 이를 배출하고 있는 자
- 잠복기보균자 : 전염성 질환의 잠복기간 중에 병원체를 배출하는 자
- 병후보균자 : 임상 증상이 소실된 후에도 병원체를 배출하는 자

30 소각법은 감염병 환자의 배설물 등을 처리하는 가장 적합한 방법

31 크레졸은 페놀화합물로 3%의 수용액을 주로 사용

33 유구조충증의 중간숙주는 돼지로 인간의 작은창자에 기생하며 돼지고기 생식을 자제

35 석탄산은 넓은 지역의 방역용이나 고무제품 의류 등의 소독에 적합

37 혐기성 세균에는 파상풍균, 보툴리누스균 등이 있음

39 영업소 이외의 장소에서 미용할 수 있는 경우
- 질병 등의 이유로 영업소에 방문할 수 없는 자
- 혼례나 그 밖의 행사 참여자에게 행사 직전 미용을 하는 경우
- 사회복지시설에서 미용하는 경우
- 촬영에 참여하는 사람에 대하여 촬영 직전에 미용하는 경우
- 특별한 사정이 있다고 하여 시장·군수·구청장이 정하는 경우

42 향수의 구비요건
- 시대성에 부합하는 향일 것
- 향의 지속성이 강할 것
- 향의 특징이 있을 것
- 향의 조화가 잘 이루어질 것

44 라놀린은 면양의 털에서 추출한 기름을 정제한 것으로 화장품, 의약품 등에 사용

45 드릴 머신은 다양한 비트를 사용하므로 미세한 부분 작업에 적합

46 RPM은 비트가 1분간 회전하는 횟수를 의미

50 이·미용소에서 음란 행위를 알선 또는 제공 시

구분	1차 위반	2차 위반
영업소	영업정지 3개월	영업장 폐쇄명령
미용사	면허정지 3개월	면허취소

52 퍼퓸은 희석 정도에 따라 분류 시 부향률이 15~30%이고 6~7시간의 지속시간을 가짐

54 평상시 유리 잔류 염소량은 0.02ppm 이상이며, 비상시는 0.4ppm 이상

55 간접조명은 나오는 빛의 90% 이상을 천장이나 벽에 반사되어 나오는 빛을 이용하는 조명으로 눈부심이 적어 눈의 보호를 위해서 가장 좋음

56 Tip : 부러시의 끝부분에 해당. 스마일 라인, 큐티클 라인 등 미세한 작업 시 사용

57. 세균성 식중독의 특징
    - 2차 감염률이 낮다.
    - 다량의 균이 발생한다.
    - 수인성 전파는 드물다.
    - 면역성이 없다.
    - 잠복기가 아주 짧다.

58.
    - 기획 : 조직의 목표를 설정하고 그 목표에 도달하는 데 필요한 단계를 구상 설정하는 단계
    - 지휘 : 행정관리에서 명령체계의 일원성을 위해 필요한 단계
    - 조직 : 2명 이상이 공동의 목표를 달성하기 위해 노력하는 협동체

59. 손톱은 하루에 0.1~0.15mm 정도 자라며, 손톱이 완전히 자라서 대체되는 기간은 5~6개월 소요

60.
    - 평가 주기는 2년마다 실시
    - 평가 주기와 방법, 위생관리등급은 보건복지부령으로 정함
    - 위생관리 등급은 3개 등급으로 나뉨

모의고사 제4회

01 한국네일 미용에서 부녀자와 처녀들 사이에서 봉선화를 손톱에 물들이는 지갑화라는 풍습이 이루어졌던 시기로 옳은 것은?

① 신라시대 ② 고려시대
③ 조선시대 ④ 고구려시대

02 페디큐어가 최초로 등장한 년도는?

① 1950년대 ② 1930년대
③ 1940년대 ④ 1960년대

03 손톱 밑의 구조로 손톱을 만드는 세포를 생성, 성장시키는 곳으로 네일루트 바로 밑에 있는 부위로 옳은 것은?

① 네일베드 ② 매트릭스
③ 루놀라 ④ 하이포니키움

04 손톱이 탈락 후 완전히 재생되는 기간으로 옳은 것은?

① 1~2개월 ② 3~4개월
③ 5~6개월 ④ 7~8개월

05 손톱의 주요 구성성분인 것은?

① 케라틴 ② 멜라닌
③ 아미노산 ④ 콜라겐

06 큐티클 오일에 대한 설명으로 틀린 것은?

① 큐티클을 부드럽게 해주는 유연제다.
② 손톱 건강에 도움이 된다.
③ 호호바 오일, 베이스 오일, 비타민 E 성분이 들어가 있다.
④ 큐티클 전용제품으로 다른 용도로 사용

07 손톱의 부위와 설명으로 잘못된 것은?

① 자유연 : 반달 모양의 손톱 아래 부분이다.
② 조상 : 네일 바디를 받치고 있는 밑부분으로 수분 공급을 한다.
③ 조모 : 매트릭스라고 하며, 각질세포의 생산과 성장을 조절한다.
④ 조근 : 손톱의 아랫부분에 묻혀있는 얇고 부드러운 부분이다.

08 가벼운 출혈을 멈추게 하기 위하여 사용되는 것은?

① 안티셉틱 ② 큐티클 오일
③ 지혈제 ④ 네일폴리시

09 네일의 양 측면이 직각 형태이며 네일 끝을 많이 사용하여 손을 많이 쓰는 사람들이 선호하는 네일 모양은?

① 라운드형 ② 오발형
③ 포인트형 ④ 스퀘어형

10 표피 중 가장 두꺼운 층으로 가시 모양의 돌기가 있는 피부층은?

① 과립층　② 유극층
③ 기저층　④ 유두층

11 갑상선과 부신의 기능 촉진으로 모세혈관의 기능을 정상화시키는 것은?

① 철분　② 마그네슘
③ 요오드　④ 나트륨

12 모발의 측쇄결합이 아닌 것은?

① 염결합　② 폴리펩티드결합
③ 시스틴결합　④ 수소결합

13 다음 중 UV-A(장파장 자외선)의 파장 범위로 적합한 것은?

① 100~200nm　② 200~290nm
③ 290~320nm　④ 320~400nm

14 천연 보습 인자(NMF) 중 40%를 차지하는 구성 성분은?

① 젖산　② 아미노산
③ 요소　④ 지방산

15 특정 면역체에서 면역글로불린이라는 항체를 생성하는 것은?

① B림프구　② T림프구
③ 각질형성세포　④ 조혈모세포

16 일반적으로 피부 표면의 pH로 맞는 것은?

① 약 pH 4.5~6.5　② 약 pH 7.5~8.5
③ 약 pH 2.5~3.5　④ 약 pH 9.5~10.5

17 하나의 신경세포가 또 다른 신경세포를 연결하는 접속 부위는?

① 축삭종말　② 신경원
③ 시냅스　④ 랑비에결절

18 골격계의 대한 설명으로 틀린 것은?

① 골격은 신체 내에서 내부 장기를 외부의 충격으로부터 보호한다.
② 골수에서 혈액세포를 생성하지 않는다.
③ 인체의 골격은 206개의 뼈로 구성된다.
④ 칼슘, 인 등의 무기질을 저장한다.

19 다음 중 특수 광선에 노출시켜 응고시키는 젤 네일은?

① 엠보젤
② 젤 코팅
③ 노라이트 큐어드 젤
④ 라이트 큐어드 젤

20 피지선에 대한 설명으로 틀린것은?

① 얼굴, 이마, 손바닥, 발바닥 등에 많다.
② 진피의 망상층 위치에 있다.
③ 사춘기 남성에게 많이 분비된다.
④ 피지의 1일 분비량은 1~2g 정도이다.

21 손가락을 모으거나 붙일 수 있게 하는 근육은?

① 굴근   ② 대립근
③ 내전근   ④ 외전근

22 하수처리 방법에서 혐기성 분해처리에 해당하는 것은?

① 산화지법   ② 살수여과법
③ 부패조법   ④ 활성오니법

23 다음 중 족지골은 총 몇 개의 뼈로 구성되어 있는가?

① 10개   ② 14개
③ 15개   ④ 16개

24 피부의 색소와 관계가 없는것은?

① 에크린   ② 카로틴
③ 멜라닌   ④ 헤모글로빈

25 아크릴릭 스컬프처 시술 시 길이를 연장하기 위해 사용하는 재료는?

① 호일   ② 실크
③ 글루   ④ 네일 폼

26 담즙을 만들어 포도당을 글리코겐으로 저장하는 소화기관은?

① 간   ② 실크
③ 위   ④ 췌장

27 팔의 굴근에 대한 운동기능과 앞팔의 외측 피부감각을 지배하는 신경은?

① 근피신경   ② 요골신경
③ 정중신경   ④ 액와신경

28 콜라겐과 엘라스틴이 주성분으로 구성된 피부 조직은?

① 피하조직 ② 진피조직
③ 표피 상층 ④ 표피 하층

29 다음 중 피부의 각질형성세포의 일반적 각화 주기는?

① 약 1주 ② 약 2주
③ 약 3주 ④ 약 4주

30 피부가 햇빛에 노출되었을 때 어떤 성분이 생성되는가?

① 비타민B ② 천연보습인자
③ 비타민D ④ 글리세린

31 다음 중 일반적으로 자비소독법으로 사멸되지 않는 균은?

① 콜레라균 ② 임균
③ 포도상구균 ④ B형 간염 바이러스

32 소독 방법 중 완전 멸균으로 가장 빠르고 효과적인 방법은?

① 건열소독 ② 유통증기법
③ 고압증기법 ④ 간헐살균법

33 자비소독 시 자비효과를 높이고자 일반적으로 사용하는 보조제가 아닌 것은?

① 포르말린 ② 탄산나트륨
③ 붕산 ④ 크레졸액

34 실크 사용 시 리프팅의 원인이 아닌 것은?

① 보수를 했을 경우
② 글루를 많이 발랐을 경우
③ 큐티클 주위에 글루가 묻었을 경우
④ 광택 제거를 제대로 하지 않았을 경우

35 석탄산의 설명으로 가장 거리가 먼 것은?

① 살균력이 안정하다.
② 저온일수록 소독효과가 크다.
③ 취기와 독성이 강하다.
④ 유기물에 약화되지 않는다.

36 이·미용실 바닥 소독용으로 적합한 소독약품은?

① 승홍수 ② 알코올
③ 크레졸 ④ 생석회

37 아크릴 네일 시술 후 보수 방법으로 적절한 것은?

① 보수는 4주부터 보수하는 것이 좋다.
② 필러 파우더를 사용하여 보수한다.
③ 새로 자라난 부분은 파일링 하지 않고 보수한다.
④ 떨어진 부분의 아크릴을 갈아내고 나머지를 채워 보수한다.

38 다음 중 피부에 수분을 공급하며 보습제의 기능을 가지는 것은?

① 글리세린　　② 계면활성제
③ 메틸파라벤　　④ 알파-히드록시산

39 화장품 성분 중 피부진정 작용을 하는 성분은?

① 솔비톨　　② 아줄렌
③ 히아루론산　　④ 레시틴

40 물에 오일성분이 분산되어 있는 유화 상태는?

① W/S 에멀전　　② W/O 에멀전
③ O/W 에멀전　　④ W/O/W 에멀전

41 자연손톱을 파일링할 때 적합한 그릿 수는?

① 100~150Grit　　② 80~100Grit
③ 180~220Grit　　④ 150~180Grit

42 수질오염의 지표로 사용하는 생물학적 산소요구량을 나타내는 용어는?

① BDO　　② COD
③ SS　　④ DO

43 여드름을 유발하지 않는 화장품 성분은?

① 솔비톨　　② 올레인 산
③ 라우린 산　　④ 올리브 오일

44 통조림, 소시지 등 식품의 혐기성 상태에서 발육하여 신경독소를 분비하여 생기는 식중독은?

① 사모넬라 식중독
② 보툴리누스균 식중독
③ 포도상구균 식중독
④ 솔라닌 독소형 식중독

45 질병 발생의 3가지 요인이 아닌 것은?

① 숙주　　② 병인
③ 시간　　④ 환경

46 예방접종에 있어서 디.피.티(D.P.T) 질병으로 틀린 것은?

① 파상풍　　② 디프테리아
③ 백일해　　④ 결핵

47 한 나라의 보건수준을 측정하는 지표로서 적합한 것은?

① 영아사망률　　② 국민소득
③ 감염병 발생률　　④ 의과대학 설치 수

48 다음 (보기)에서 근위족근골로 짝지어진 것은?

　㉠ 주상골　　㉡ 설상골
　㉢ 입방골　　㉣ 거골

① ㉠, ㉡　　② ㉠, ㉣
③ ㉡, ㉢　　④ ㉡, ㉣

49 핫 오일 매니큐어로 가장 큰 효과를 볼 수 있는 것은?

① 오니코파지　　② 몰드
③ 오니코렉시스　　④ 테리지움

50 화학약품으로 소독 시 소독약품의 구비조건으로 틀린 것은?

① 용해성이 낮을 것
② 살균력이 있을 것
③ 경제적이고 사용방법이 간편할 것
④ 부식성과 표백성이 없을 것

51 출생률과 사망률이 낮으며 14세 이하가 65세 이상 인구의 2배 정도인 인구 구성형은?

① 종형　　② 피라미드형
③ 별형　　④ 항아리형

52 피부의 노화 원인 중 관련이 없는 것은?

① 유전자　　② 항산화제
③ 텔로미어단축　　④ 신경세포의 피로

53 다음 중 파리가 옮기지 않는 병은?

① 이질　　② 콜레라
③ 장티푸스　　④ 신증후군출혈열

54 폐흡충증의 제2중간 숙주에 해당되는 것은?

① 잉어　　② 가재
③ 다슬기　　④ 모래무지

55 세균들은 외부환경에 저항하기 위해서 아포를 형성하는데 보기에서 아포를 형성하지 않는 세균은?

① 탄저균　　② 파상풍균
③ 젖산균　　④ 보툴리누스균

56 영업소 폐쇄 명령을 받고도 영업을 계속할 때의 벌칙 기준은?

① 1년 이하의 징역 또는 1천 만원 이하의 벌금
② 1년 이하의 징역 또는 500만원 이하의 벌금
③ 6월 이하의 징역 또는 500만원 이하의 벌금
④ 3월 이하의 징역 또는 300만원 이하의 벌금

57 신고를 하지 않고 영업소의 소재지 변경한 시 1차 위반 행정처분기준은?

① 영업정지 1개월　　② 영업정지 2개월
③ 영업장 폐쇄명령　　④ 영업허가 취소

58 영업자의 지위를 승계한 자로서 신고를 하지 않을 경우 해당하는 처벌기준은?

① 100만원 이하의 벌금
② 200만원 이하의 벌금
③ 6월 이하의 징역 또는 500만원 이하의 벌금
④ 1년 이하의 징역 또는 1천만원 이하의 벌금

59 다음 중 이·미용업자에게 과태료를 부과·징수할 수 있는 처분권자에 해당되지 않는 자는?

① 시장　　② 군수
③ 구청장　　④ 행정자치부장

60 청문을 실시하는 사항과 거리가 먼 것은?

① 과태료 징수
② 공중위생영업의 정지
③ 영업소의 폐쇄 명령
④ 일부 시설의 사용중지

제4회 정답 및 해설

1	2	3	4	5	6	7	8	9	10
②	①	②	③	①	④	①	③	④	②
11	12	13	14	15	16	17	18	19	20
③	②	④	②	①	①	③	②	④	①
21	22	23	24	25	26	27	28	29	30
③	③	②	①	④	①	①	②	④	③
31	32	33	34	35	36	37	38	39	40
④	③	①	①	②	③	④	①	②	③
41	42	43	44	45	46	47	48	39	50
④	①	①	②	③	④	①	②	④	①
51	52	53	54	55	56	57	58	59	60
①	②	④	②	③	①	①	③	④	①

03 ① 네일베드(조상)는 네일 바디를 받치고 있는 밑부분이다.
　③ 루눌라(반월)는 반달 모양의 손톱 아래 부분이다.
　④ 하이포니키움(하조피)은 프리에지 밑부분의 피부이다.

05 케라틴은 섬유 단백질로 구성되어 있다.

07 반달모양의 손톱 아래 부분은 루눌라(반월)이다.

09 네일의 끝을 많이 사용하거나, 손을 많이 쓰는 사람들이 선호하는 형태이다.

10 표피중 가장 두꺼운 층이며, 세포 표면에 가시 모양의 돌기가 세포사이를 연결한다.

12 측쇄결합은 가로 방향의 결합이며, 염결합, 시스틴결합, 수소결합이 있다.
　폴리펩티드결합은 세로 방향의 결합으로 주쇄결합이다.

13 자외선의 파장범위
　• UV A 320~400nm
　• UV B 290~320nm
　• UV C 200~290nm

14 ① 젖산(12%), ③ 요소(7%)

15 B림프구는 체액성 면역 반응을 담당하며, 면역글로불린이라는 항체를 생성한다.

16 성인의 피부 표면은 pH 4.5~6.5의 약산성이다.

17 한 뉴런의 축삭돌기와 다음 뉴런의 수상돌기 사이의 연접 부위를 말한다.

18 골격은 조혈기능이 있어 골수에서 혈액세포를 생성한다.

19 특수 광선이나 할로겐 램프의 빛을 이용하여 굳어지게 하는 방법이다.

20 손바닥, 발바닥은 피지선이 존재하지 않는다.

21 내전근(모음근)은 손가락을 모으거나, 붙일 수 있게 하는 근육이다.

22 혐기성 처리법에는 임호프조법, 부패조법이 있다.

24 피부색에는 카로틴, 헤모글로빈, 멜라닌색소 등의 요소간 혼합에 의해 피부색이 결정된다.

26 간은 문맥을 통해 유입된 포도당이나 아미노산, 유산, 글리세린 등을 글리코겐 형태로 저장한다.

27 근피신경은 위쪽팔의 근육과 아래팔 일부의 피부감각을 담당한다.

28 진피는 교원섬유(콜라겐) 조직과 탄력섬유(엘라스틴) 및 뮤코다당류로 구성된다.

30 자외선이 피부에 자극을 주게 되어 비타민D 합성이 일어난다.

31 자비소독은 B형 간염 바이러스, 아포형성균에는 부적합하다.

32 고압증기법은 고압증기 멸균기를 이용하는 소독으로, 소독 방법 중 완전 멸균으로 가장 빠르고 효과적이다. 포자를 형성하는 세균을 멸균한다.

33 자비소독 시 효과를 높이기 위해 탄산나트륨, 붕산, 크레졸액이 사용된다.

35 석탄산은 고온일수록 소독효과가 크다.

36 크레졸은 이·미용실의 실재소독용 및 손, 배설물, 오물 등의 소독으로 사용된다.

37 ① 아크릴 네일의 보수는 2주부터 하는 것이 좋다.
② 아크릴 네일에는 필러 파우더를 사용하지 않고, 아크릴 파우더를 사용한다.
④ 새로 자라난 부분은 턱을 매끄럽게 갈아내고, 보수해야한다.

38 글리세린은 수분을 끌어당기는 힘이 있어 화장품에 첨가하면 보습제 기능을 증가시킨다.

39 ①, ③은 보습작용 및 유연작용
④은 유연작용 및 항산화 작용

40 ② W/O 에멀전 : 오일에 물이 분산되어 있는 형태(영양크림, 선크림 등)
③ O/W 에멀전 : 물에 오일이 분산되어 있는 형태(로션, 크림, 에센스 등)
④ W/O/W 에멀전 : 분산되어 있는 입자 자체가 에멀전을 형성하고 있는 상태

41 자연손톱에 150~180Grit의 파일이 적합하다.

42 ② COD : 화학적 산소요구량
④ DO : 용존산소

43 솔비톨은 보습작용 및 유연작용으로 여드름을 유발하지 않는다.

48 근위족근골은 거골, 종골, 주상골이 있다.

49 테리지움은 표피조막증이라고 하며, 큐티클의 과잉성장으로 네일판을 덮는 현상임

50 소독약품은 용해성이 높아야 한다.

52 텔로미어단축은 염색체의 끝부분을 지칭하며, 세포분열이 진행될수록 길이가 점점 짧아져 세포복제가 멈추어 죽게 되면서 노화가 일어남

53 신증후군출혈열은 진드기에 의해 전염된다.

54 제2중간숙주 : 가재, 게

모의고사 제5회

01 네일 산업의 발달과정 중 년도와 내용이 바르게 설명된 것은?

① 1920년대 - 시트에 의해 네일 폴리시의 일반화가 시작되었다.
② 1930년대 - 이발소에서 남성 네일 관리 시작되었다.
③ 1950년대 - 페디큐어가 등장하고, 네일 팁 사용자가 증가되었다.
④ 1970년대 - 네일 액세서리가 등장하였다.

02 네일 보강제에 대한 설명으로 틀린 것은?

① 자연 네일에 사용하며, 베이스 코트를 바르기 전에 사용하기도 한다.
② 보강제를 바르면 얇아진 손톱이 두꺼워지는 효과가 있다.
③ 무색 폴리시에 나일론 섬유가 혼합된 것도 있다.
④ 손톱이 찢어지거나 갈라지는 것을 예방한다.

03 네일의 손상을 입게 되면 성장에 저해가 되는 부위는?

① 네일 베드 ② 루눌라
③ 네일 바디 ④ 매트릭스

04 손·발톱의 설명으로 틀린 것은?

① 정상적인 손·발톱의 교체는 대략 6개월 가량 걸린다.
② 손가락 중 중지손톱이 가장 빠르게 자란다.
③ 손끝과 발끝을 보호한다.
④ 하루에 성장 속도는 1mm 가량 성장한다.

05 다음 중 척골신경의 지배를 받지 않는 근육은?

① 무지대립근(엄지맞섬근)
② 무지내전근(엄지모음근)
③ 소지외전근(새끼벌림근)
④ 소지대립근(새끼맞섬근)

06 17세기 상류층이 조모에 문신 바늘로 색소를 넣어 신분을 과시한 나라는?

① 중국 ② 로마
③ 인도 ④ 이집트

07 신경계의 기본세포로 맞는 것은?

① DNA ② 뉴런
③ 미토콘드리아 ④ 혈장미토콘드리아

08 기미, 주근깨 등의 치료에 쓰이는 것은?

① 비타민D ② 비타민C
③ 비타민B ④ 비타민A

09 다음 중 기저층의 중요한 역할은?

① 팽윤 ② 수분방어
③ 면역 ④ 새로운 세포 형성

10 다음 중 표피층을 순서대로 나열한 것은?

① 각질층, 과립층, 유극층, 투명층, 기저층
② 각질층, 투명층. 과립층, 유극층, 기저층
③ 각질층, 유극층, 투명층, 과립층, 기저층
④ 각질층, 유극층, 망상층, 기저층, 과립층

11 피부 표면의 수분증발을 억제하며 피부를 부드럽고 유지해주는 물질은?

① 유연제 ② 방부제
③ 보습제 ④ 계면활성제

12 표피에서 신경세포와 연결되어 촉감을 감지하는 세포는?

① 각질형성 세포 ② 멜라닌 세포
③ 머켈 세포 ④ 랑게르한스 세포

13 교원섬유조직과 탄력섬유로 구성되어 있는 곳은?

① 진피 ② 근육
③ 표피 ④ 피하조직

14 손바닥과 발바닥에 주로 있으며 피부층이 두터운 부위에 주로 분포된 층은?

① 기저층 ② 각질층
③ 투명층 ④ 과립층

15 추위를 감지할 때 피부의 근육을 수축시켜 털을 자극 하는 근육은?

① 안륜근 ② 입모근
③ 구륜근 ④ 전거근

16 모발의 구성 중 피부 밖으로 나와 있는 부분은?

① 모표피 ② 모유두
③ 피지선 ④ 모구

17 피부 타입 중 색소침착 불균형이 나타나는 피부는?

① 건성피부 ② 노화피부
③ 민감성 피부 ④ 지성피부

18 다음 중 필수 아미노산에 속하지 않는 것은?

① 아르기닌   ② 트레오닌
③ 히스티딘   ④ 알라닌

19 햇빛에 노출되었을 때 피부 내에서 생기는 성분은?

① 글리세린   ② 비타민 B
③ 비타민 D   ④ 천연보습인자

20 다음 중 원발진으로만 연결된 것은?

① 구진, 면포   ② 동창, 찰상
③ 티눈, 흉터   ④ 농양, 궤양

21 피부 진균으로 인해 발생하며 습한 곳에서 가장 높게 발생하는 것은?

① 티눈   ② 족부백선
③ 모낭염   ④ 봉소염

22 다음 중 UV-B의 파장 범위로 맞는 것은?

① 100~200nm   ② 200~290nm
③ 290~320nm   ④ 320~400nm

23 생산층 인구가 전체인구의 50% 이상인 인구 구성의 유형은?

① 별형   ② 종형
③ 항아리형   ④ 기타형

24 승홍수의 설명으로 틀린 것은?

① 금속을 부식시키는 성질이 있다.
② 피부점막에 자극성이 약하다.
③ 염화칼륨을 첨가시 자극성이 완화된다.
④ 유기물에 대한 완전한 소독이 어렵다.

25 법정감염병 중 제3급 감염병이 아닌 것은?

① 쯔쯔가무시증   ② 공수병
③ 렙토스피라증   ④ 인플루엔자

26 다음 중 인수공통감염병이 아닌 것은?

① 나병   ② 일본뇌염
③ 탄저   ④ 조류인플루엔자

27 하수오염이 심할수록 BOD은?

① 수치가 높아진다.
② 수치가 낮아진다.
③ 수치의 영향이 없다.
④ 수치가 낮아졌다 높아졌다 반복한다.

28 다음중 일반적으로 음용수에서 대장균 검출로 사용되는 것은?

① 감염병 발생예고
② 음용수의 부패상태 파악
③ 비병원성
④ 오염의 지표

29 소독의 정의로서 적합한 것은?

① 미생물 일체를 모두 사멸하는 것이다.
② 미생물을 모두 열과 약품으로 완전히 죽이거나 제거하는 것이다.
③ 병원성 미생물의 생활력을 파괴하여 죽이거나 제거하여 감염력을 없애는 것이다.
④ 균을 적극적으로 죽이지 못하더라도 발육을 저지하며 변화시키지 않고 보존하는 것이다.

30 소독제의 구비조건과 거리가 먼 것은?

① 독성이 적고 사용자에게도 자극성이 없어야 한다.
② 원액이나 희석된 상태에서 화학적으로 불안정된 것으로 한다.
③ 살균 소요시간이 짧을수록 좋으며, 빠른 효과를 내야한다.
④ 생물학적 작용을 충분히 발휘할 수 있어야 한다.

31 피부의 기능 중 틀린 것은?

① 감각기능   ② 순환기능
③ 체온조절기능   ④ 보호기능

32 다음 중 기초 화장품이 아닌 것은?

① 화장수   ② 에센스
③ 클렌징   ④ 파운데이션

33 화장품을 만들 때 요구되는 4대 품질 조건은?

① 안전성, 안정성, 사용성, 유효성
② 안정성, 발림성, 유효성, 방부성
③ 발림성, 안전성, 방부성, 사용성
④ 방향성, 안정성, 발림성, 사용성

34 여드름 치유와 잔주름 개선에 사용되는 것은?

① 토코페롤   ② 칼시페롤
③ 레티노산   ④ 아스코르빈산

35 휘발성이 강해 바로 향을 맡을 수 있는 노트는?

① 탑 노트   ② 베이스 노트
③ 미들 노트   ④ 라스트 노트

36 다음 중 기능성 화장품의 범위에 해당하지 않는 것은?

① 주름개선 크림 ② 자외선차단 크림
③ 미백 크림   ④ 바디 오일

37 파운데이션의 일반적 기능으로 틀린 것은?

① 피지를 억제하고 화장을 지속시켜준다.
② 피부색을 기호에 맞게 바꾼다.
③ 자외선으로부터 피부를 보호한다.
④ 피부의 기미와 주근깨 등의 결점을 커버한다.

38 유리제품의 소독방법 중 적당한 것은?

① 찬물에 넣고 75℃까지만 가열한다.
② 끓는 물에 넣고 10분간 가열한다.
③ 건열멸균기에 넣고 소독한다.
④ 끓는 물에 넣고 5분간 가열한다.

39 미용용품이나 기구 등을 청결하게 세척하는 것은 어떤 소독방법 인가?

① 방부   ② 여과
③ 희석   ④ 정균

40 호기성 세균이 아닌 것은?

① 백일해균   ② 녹농균
③ 결핵균   ④ 보툴리누스균

41 산소가 없는 곳에서만 증식하는 균으로 맞는 것은?

① 결핵균   ② 백일해균
③ 디프테리아균 ④ 파상풍균

42 다음 세정작용이 우수하며 비누, 샴푸, 클렌징폼 등에 사용되는 계면활성제는?

① 양쪽성 계면활성제
② 음이온성 계면활성제
③ 비이온성 계면활성제
④ 양이온성 계면활성제

43 송어, 연어 등을 날로 먹었을 때 감염될 수 있는 것은?

① 페디스토마 ② 선모충
③ 갈고리촌충 ④ 긴촌충

44 눈을 보호하기 위해 좋은 조명 방법은?

① 직접 조명   ② 반직접조명
③ 간접 조명   ④ 반간접조명

45 이·미용업자에게 과태료를 누가 부과하는가?

① 세무서장 ② 시장·군수·구청장
③ 시·도지사 ④ 보건복지부장관

46 다음 중 이·미용 영업을 신고된 영업소 이외의 다른 장소에서 할 수 있는 곳은?

① 일반가정
② 생산 공장
③ 일반 사무실
④ 거동이 불편한 환자 처소

47 공중위생영업에 속하지 않는 것은?

① 식당조리업 ② 세탁업
③ 목욕장업   ④ 미용업

48 영업소의 폐쇄명령을 받고도 영업을 계속하였을 때 벌칙 기준은?

① 100만원 이하의 벌금
② 200만원 이하의 벌금
③ 1년 이하의 징역 또는 1천만원 이하의 벌금
④ 2년 이하의 징역 또는 1천만원 이하의 벌금

49 다음 중 이·미용업 영업자가 조명도를 업소 내 준수하지 않고 1차 위반 시 행정처분 기준은?

① 영업정지 5일
② 영업정지 10일
③ 영업정지 15일
④ 개선명령 또는 경고

50 다음 중 미용사가 청문을 실시하는 경우로 잘못된 것은?

① 영업의 정지
② 영업소 폐쇄명령
③ 위생등급 결과 이의
④ 일부 시설의 사용중지

51 다음 중 이·미용업에 있어 벌칙기준이 아닌 것은?

① 영업소 폐쇄명령을 받고도 영업을 계속한 경우
② 영업신고를 안한 경우
③ 영업정지명령을 받고서 그 기간중에 영업을 한 경우
④ 면허정지 기간 중에 업무를 한 경우

52 아크릴 네일에 대한 설명 중 맞는 것은?

① 손톱 교정으로 사용할 수 있다.
② 필러 파우더와 같이 사용할 수 있다.
③ 자연손톱에만 사용할 수 있다.
④ 인조손톱에만 사용할 수 있다.

53 젤 네일의 손상 원인 중 틀린 것은?

① 큐어링을 부족하게 한 경우
② 손톱이 빨리 자랐을 경우
③ 고객의 부주의한 관리로 인한 경우
④ 젤을 큐티클까지 닿게 한 경우

54 네일 래핑 시술시 사용되지 않는 것은?

① 아크릴 리퀴드　② 젤글루
③ 네일 글루　　　④ 페이퍼 랩

55 아크릴 사용시 카탈리스트의 사용 목적으로 맞는 것은?

① 강화 작용을 빠르게 하기 위한 목적
② 강화 작용을 늦추기 위한 목적
③ 접착이 잘 되게 하기 위한 목적
④ 냉각시키기 위한 목적

56 다음 중 파라핀 시술의 효과로 맞는 증상은?

① 무좀　　　② 상처
③ 습진　　　④ 건성

57 페디큐어 시술방법에 대한 설명 중 맞는 것은?

① 페디큐어는 겨울철에는 하지 않는다.
② 발톱을 라운드 형태로 자른다.
③ 가벼운 각질이라도 콘 커터를 사용한다.
④ 콘커터는 출혈이나 부작용을 줄 수도 있으므로 심하게 다루면 안된다.

58 전체 바른 후 프리에지 부분만 1.5mm 정도 지우는 컬러링은?

① 루놀라　　② 슬림라인
③ 헤어라인　④ 하프문

59 매니큐어에 대한 설명으로 바르지 않은 것은?

① 시술하기 전 알코올로 테이블을 닦는다.
② 안티셉틱은 큐티클 연화제이다.
③ 손과 손톱의 관리, 컬러, 마사지등이 포함된다.
④ 네일 미용사에게 가장 기본적인 것은 매니큐어 서비스이다.

60 UV 젤 경화를 도와주는 것은?

① 액티베이터　　② 자외선 램프
③ 폴리시 드라이어　④ 모노머

제5회 정답 및 해설

1	2	3	4	5	6	7	8	9	10
③	②	④	④	①	③	②	②	④	②
11	12	13	14	15	16	17	18	19	20
①	③	①	③	②	①	②	④	③	①
21	22	23	24	25	26	27	28	29	30
②	③	①	②	④	①	①	④	③	②
31	32	33	34	35	36	37	38	39	40
②	④	①	③	①	④	①	③	③	④
41	42	43	44	45	46	47	48	49	50
④	②	④	③	②	④	①	③	④	③
51	52	53	54	55	56	57	58	59	60
④	①	②	①	①	④	④	③	②	②

01 ① 1920년대 : 네일큐티클 크림과 리무버 출시함
② 1930년대 : 인조네일 개발
④ 1970년대 : 스퀘어 모양의 네일이 유행함

02 네일 보강제는 약한 손톱을 튼튼하게 만들어 주기 위한 강화제로 손톱이 두꺼워지는 효과는 없다.

03 매트릭스는 생산과 성장을 조절한다.

04 하루 평균 0.1~0.15mm정도 자란다.

05 척골신경 : 짧은엄지굽힘근, 새끼맞섬근, 새끼벌림근, 새끼굽힘근, 자쪽손목굽힘근, 깊은손가락굽힘근, 엄지모음근

09 기저층은 표피의 가장 아래층으로 진피의 유두층으로부터 영양분을 공급받으며, 새로운 세포로 형성되는 층이다.

12 머켈세포는 표피의 기저층에 위치하며 신경 세포와 연결되어 촉감을 감지하는 세포이다.

13 진피 : 교원섬유(콜라겐)과 탄력섬유(엘라스틴)으로 구성되어있다.

15 교감신경의 지배를 받아 피부를 소름을 돋게 하는 근육을 입모근이라 한다.

16 모표피 : 모발의 가장 바깥부분이다.

17 노화피부는 색소침착 불균형이 나타나 노인성 반점 등이 나타난다.

18 알라닌은 단백질을 구성하는 기본단위로 아미노산의 일종이다.

20 원발진 : 구진, 면포, 반점, 결절, 수포, 농포 등이 있다.

23 별형 : 도시형, 인구유입형이라고 하며 생산층 인구가 50% 이상인 유형이다.

24 승홍수 : 피부점막에 자극성이 강하다.

25 인플루엔자 : 제4급 감염병

26 인수공통감염병 : 동물과 사람 간에 서로 전파되는 병원체에 의하여 발생되는 감염병

27 하수의 오염지표로 주로 이용되는데 하수의 오염이 심할수록 BOD의 수치는 높아진다.

34 레티노산은 비타민 A의 유도체로서 여드름 치유와 잔주름 개선에 주로 사용되고 있다.

35
- 탑 노트 : 휘발성이 강해 바로 향을 맡을 수 있다.
- 미들 노트 : 부드럽고 따뜻한 느낌의 향으로, 대부분의 오일에 해당된다.
- 베이스 노트 : 휘발성이 낮아 시간이 지난 뒤에 향을 맡을 수 있다.

38 건열멸균법은 금속기구, 자기제품, 유리기구, 분말, 주사기 등에 사용된다.

40 호기성 세균 : 산소가 필요한 균으로 결핵균, 백일해, 녹농균, 디프테리아 등이 있다.

41 혐기성 세균 : 산소가 없어야 증식하는 균으로 파상풍균, 보툴리누스균 등이 있다.

43 긴촌충은 광절열두조충이며, 송어, 연어 등을 제2중간숙주라고 한다.

44 간접조명은 빛의 90%이상을 벽이나 천장으로 반사되어 나오는 빛으로 눈부심이 적어 눈의 보호를 위해서 좋은 방법이다.

49
- 1차위반 : 경고 또는 개선명령
- 2차위반 : 영업정지 5일
- 3차위반 : 영업정지 10일
- 4차위반 : 영업장 폐쇄명령

52 아크릴 네일 시술은 물어뜯는 손톱, 들뜬 손톱에 교정이 가능하다.

54 아크릴 리퀴드는 아크릴 스컬프처에 사용된다.

55 카탈리스트 : 아크릴을 빨리 굳게 하는 작용이다.

56 파라핀 시술의 효과 : 보습 및 영양 공급을 하여 건조하고 거친 피부에 효과적이다.

참고문헌

- 권오혁 외, 에센스 미용학 개론, 메디시언, 2017
- 권지우 외, Ncs 네일 미용사 필기, 에듀웨이, 2023
- 권지우 외, 기분파 네일미용사 필기, 에듀웨이, 2022
- 김경희 외, 알기 쉬운 공중보건학, 지구문화사, 2021
- 김기연, 인체해부 생리학, 현문사, 2010
- 김수연 외, 네일케어 & 아트, 구민사, 2020
- 김유정 외, NCS기반 응용 네일미용 실습서, 구민사, 2019
- 김유정 외, NCS기반 응용네일 실습서, 구민사, 2020
- 김은주 외, 피부미용학 개론, 구민사, 2022
- 김은화, 미용인을 위한 공중보건학, 가담플러스, 2015
- 류은주 외, NEW 완전합격 미용사 네일 필기, 에듀크라운, 2022
- 류지원 외, NEW 미용문화사, 지구문화사, 2014
- 민방경 외, 2023 에듀윌 네일 미용사 필기 1주끝장, 에듀윌, 2023
- 민방경 외, Ncs학습 모듈, 한국직업능력연구원, 2018
- 민방경, NCS기반 전공자를 위한 네일 미용, 가담플러스, 2016
- 이선숙, 미용학 개론, 형설출판사, 2018
- 이재남 외, 피부과학, 구민사, 2022
- 채순님, 미용인을 위한 해부학, 성화, 2011
- 천지연 외, NCS기반 네일미용학, 광문각, 2016
- 최경희 외, 원큐에 패스 혼공비법 미용사네일 실기필기, 다락원, 2021
- 최은미, 에센스 네일케어, 메디시언, 2020
- 최희경 외, 미용사 네일 실시 필기, 다락원, 2020
- 한종만, 미용인을 위한 해부생리학, 메디컬포럼, 2020

저자

김수연	두원공과대학교
김인옥	한성대학교
모현숙	한성대학교
박경옥	한성대학교
박진경	(주)나레스트 미용학원
이나현	송호대학교
이주연	한성대학교 디자인아트교육원
정연숙	(주)나레스트 미용학원

미용사 네일 국가자격증 필기

초판 2쇄 발행 2024년 01월 19일

지 은 이	김수연, 김인옥, 모현숙, 박경옥, 박진경, 이나현, 이주연, 정연숙
펴 낸 이	위북스
펴 낸 곳	위북스
출판등록	제406-2013-000011호
주　　소	경기도 고양시 일산서구 장자길 118번길 92
홈페이지	www.webooks.co.kr
전화번호	031-955-5130
이 메 일	we_books@naver.com

ⓒ webooks, 2016

ISBN ∥ 979-11-88150-65-6 03600

값 28,000원

※ 이 책은 저작권법에 따라 보호받는 저작물이므로 무단 전재와 무단 복제를 금지하며,
　이 책의 내용 전부 또는 일부를 이용하려면 반드시 위북스 담당자의 서면동의를 받아야 합니다.